油液磨粒在线监测传感器技术及其应用

李 博 著

中国石化出版社

内容提要

油液磨粒检测技术是一项有效的机械设备故障诊断与预警手段，通过油液中的磨粒特征信息反映由零部件老化或损坏引起的装备磨损失效问题。本书旨在介绍和探讨基于显微成像原理的油液磨粒在线监测技术及其工程应用价值，以电磁-图像型磨粒传感器技术研究与开发为基础，全面系统地阐述了显微成像原理的油液磨粒在线监测的实现过程与方法，以及在发动机和齿轮箱油液监测中的应用潜能和技术发展方向，可为本领域进一步研究和应用提供借鉴。

本书可供从事机械设备故障诊断与检测技术研究的学者及工程技术人员参考和借鉴，也可作为高等院校传感器技术研究领域相关专业研究生的参考资料。

图书在版编目(CIP)数据

油液磨粒在线监测传感器技术及其应用/李博著.—北京：中国石化出版社，2022.4

ISBN 978-7-5114-5676-2

Ⅰ.①油… Ⅱ.①李… Ⅲ.①磨粒-电磁传感器-在线监测系统 Ⅳ.①TP212

中国版本图书馆 CIP 数据核字(2022)第 056056 号

中国石化出版社出版发行

地址：北京市东城区安定门外大街 58 号

邮编：100011 电话：(010)57512500

发行部电话：(010)57512575

http://www.sinopec-press.com

E-mail：press@sinopec.com

北京艾普海德印刷有限公司印刷

全国各地新华书店经销

*

710×1000 毫米 16 开本 10 印张 176 千字

2022 年 12 月第 1 版 2022 年 12 月第 1 次印刷

定价：59.00 元

前　言

在航空航天、装备制造及能源开采等国家重大领域中，机械设备状态监测是维持和延长高速旋转与往复式机械健康安全，以及可靠运行的重要手段。装备运行过程中，机械设备健康状态实时监测能够减小装备零部件发生严重损坏的概率，避免装备由于检修维护而长时间停机，从而极大地降低装备运行成本。准确可靠的机械设备状态监测技术可提高装备维护保养效率，确保装备长时间安全可靠运行，尤其在军事及航空运输领域，其应用价值更为突出。尽管振动分析与热成像技术已经在旋转机械故障诊断中得到应用，但这些技术需要与之匹配的高性能数据采集设备以及复杂的计算处理方法才能使用，其实施难度较大。与此同时，装备故障发生的早期阶段，依靠振动与温度变化难以监测，更重要的是上述方法无法有效识别机械设备磨损状态，难以预测装备零部件失效问题。

油液磨粒检测技术作为一项有效的机械设备故障诊断与预警手段，可通过油液中的磨粒特征信息反映由零部件老化或损坏引起的装备磨损失效问题。油液磨粒检测技术具有离线检测和在线监测两种方式。油液磨粒离线检测是一种非实时监测方式，需要在装备润滑系统中进行油液取样，并将其送到实验室分析，油液损耗较大，并且取样过程控制严格，代表性油样获取难度大，分析周期长，各环节依赖于专业油液分析人员的个人经验，分析结果实时性、客观性和准确性难以保证。油液磨粒在线监测技术能够在不停机状态下，在线实时有效地捕捉装备磨损信息，分析运行状态。它是将油液磨粒传感器安装在装备润滑油路中，原位监测循环流动的润滑油液中携带的磨粒属性特征，提取特征信息指标实现在线油液分析与装备故障诊断。相对于离线检测而言，油液磨粒在线监测技术避免了对复杂仪器设备和专业油液分析人员的依赖。

油液磨粒在线监测技术克服了人为因素影响和由此产生的状态节点误判，磨损数据可信度高，其众多优势已使得该技术成为研究的重点并备受关注。本书以电磁－图像型磨粒传感器在线油液监测技术研究与开发为基础，实现其工程应用目标。书中全面系统性地阐述了电磁－图像型磨粒传感器嵌入式显微成像技术及成像系统设计过程；介绍了电磁－图像型磨粒传感器励磁装置设计方法，分析了流动油液中磨粒沉积特性；结合励磁装置和嵌入式显微成像系统实现了电磁－图像型磨粒传感器设计开发，论述分析了该传感器磨粒成像的光学显微特性；讲述了透射光和反射光下谱片图像二值化与磨粒浓度特征提取方法。最后，采用发动机与齿轮箱磨损监测试验实例验证了电磁－图像型磨粒传感器在线油液监测技术的工程应用价值和潜能，并展望了技术发展方向。

本书由李博撰写。其中第3章和第5章5.2节是在毛军红教授和冯松博士的帮助下编写完成的。全书由李博统稿。

本书获得了“西安石油大学优秀学术著作出版基金”的资助与支持，同时，获得了“陕西省自然科学基础研究计划基金”项目（项目编号：2021JM－405）、西安市科技计划“高校院所科技人员服务企业”项目（项目编号：22GXFW0103）的资助；同时，本书在编写过程中也得到了西安石油大学机械工程学院吴伟教授和魏航信教授的支持与帮助；另外，本书参考和引用了诸多学者科研资料，在此一并致以最诚挚的感谢！

由于作者水平有限，本书错误与不妥之处在所难免，恳请专家和读者批评指正！

目　　录

1 绪　论

1.1 油液磨粒在线监测技术研究的重要性和意义

摩擦副之间的磨损是机械设备最主要的故障原因之一，据统计，磨损引起的故障占机械设备故障的75%以上[1,2]。Shell公司最新的报告数据表明：柴油机约35%的运行故障和38.5%的齿轮失效是由于磨损引起的[3,4]。据对某型航空发动机10年使用情况所作的统计，导致发动机空中停车故障37.5%及导致发动机提前更换60%以上的原因是发动机轴承等零件的磨损类故障，其中，以轴间轴承磨损故障最为突出[5,6]。由磨损造成的经济损失也是巨大的，美国国会技术鉴定管理处曾发布过各类设备由磨损造成的耗费：海军飞机每飞行1h耗费243.87美元，海军军舰每航行1h耗费38.92美元，切削刀具磨损每年耗费9亿美元，每年的汽车维修费用400亿美元中大部分可归因于磨损[7]。随着现代工业的发展，对生产的连续性和机械设备的可靠性要求不断提高，因而对机械设备进行磨损状态监测具有重要意义，可以提高设备使用的合理性、运行的安全性和经济性，充分延长其服役期限，使设备维护费用最低，停机损失最小，达到视情维修的目标[2,8,9]。

振动监测与油液磨粒监测是避免突发性机械故障发生的必要手段[10-13]，其中振动监测信号获取容易，分析速度快，对摩擦副局部裂纹故障效果显著[10]，但它易受到由外部激励与共振扭曲造成的背景噪声的干扰[11,12]，对机械装备的早期磨损故障不敏感[13,14]。作为振动监测技术的有益补充，油液磨粒监测技术由于其独特的抗干扰能力和良好的实用性而备受关注，可根据润滑油中的磨粒浓度、尺寸、形状及材料等特征信息判断摩擦副的磨损状态[15,16]，判断并发现装备早期磨损故障。油液(包括润滑油和液压油)作为一种载体，携带着丰富的来自摩擦副表面的磨损状态信息，因此，对在用油液进行监测分析是很有意义的，其中，油液中磨损颗粒的数量、粒度和形貌特征是油液监测的主要内容。日本工程师曾用8mm摄像机拍摄记录了磨损实验机上摩擦副零件表面磨粒产生、生长、黏着、剥落的全部过程，有力证明了磨粒作为磨损过程中的产物，与设备磨损状态之间存在着必然的对应关系，直接反映了发生磨损的微观机制。所以，通过对油液中磨粒进行监测和分析，可以得到设备的磨损程度和磨损机理等信息，不仅能对机械设备运行状态做出正确判断，而且也有助于设备的改进设计[16-26]。油液磨粒监测技术的工业应用表明：该技术特别适用于低速重载、环境恶劣(如噪声大、振动源多、外界干扰明显)和往复运动的设备监测[27-31]。这项技术在国外已经备受重视，发展很快，并且有着广泛的应用。例如，国外几大船级社(如英国 Lloyds 船级社、美国船级社和日本海事协会)早在 20 世纪 80 年代就将这一技术应用于船舶检测领域，先后颁布实施了有关的视情维修系统规范或指导性文件[32]。作为该项技术的主要推动者之一，美国军方建立了比较完备的军用实验室管理体制，国防部成立了联合油液分析计划技术支持中心(Joint Oil Analysis Program - Technical Support Center，JOAP - TSC)，负责协调陆军油液分析计划 AOAP、海军油液分析计划 NOAP 和空军油液分析计划 SOAP，期望最终建立统一和完善的三军联合油液分析计划。JOAP - TSC 在召开的美国国防部维修高级指导组(MSSG)会议上的报告中明确提出，通过这项技术的使用，力求得到以下信息：哪个具体零部件失效，零部件已经失效多长时间，零部件处在全生命工作周期中的位置以及为零部件改进设计提供的建议[33]。

油液磨粒监测技术具有离线式和在线式两种方式，其中油液磨粒在线监测技术和系统的研发已经成为热点。一方面，现有油液磨粒离线监测技术存在着周期长、取样过程要求严格等缺点，而且因取样数量的限制，很难得到稳定的、具有代表性的油样。在线监测系统安装在循环油路中，可以大量取样，从取样到分析能够自动快速完成，消除了人为因素的影响，而且能最大限度跟踪设备运行状态的变化，准确地分析出设备的运行状态[34-36]。另一方面，据国外统计，在油液监测中，进行离线分析的油样 95% 以上是正常油样，在要求比较严格的某些军事应用中，正常油样也占离线分析油样总数的 90% 以上。为减少油样传递和分析费用，迫切需要油液磨粒在线监测技术，实现重要设备的实时监测[37,38]。但以上分析并不否认油液磨粒离线监测技术的重要性，离线技术可以对磨粒特征进行深层次分析，达到故障定位的目的，它对信息的采集和处理是多方位的。在线监测技术主要用于现场快速判断设备磨损程度，实现对被监测设备正常或异常运行状态的划分，对出现异常的油液给予提示，可以进一步进行全面和准确的离线分析。所以，油液磨粒在线监测技术是对传统油液磨粒离线监测手段的有益补充，二者的有机结合才是完整的油液磨粒监测解决方案[39-41]。

1.2 油液磨粒在线监测技术的国内外研究现状

装备在用油液中的磨粒携带大量磨损信息，近些年，诸多科研工作者投入大量精力研制用于磨损信息获取的在线磨粒传感器，按照感知方式可分为非图像型磨粒传感器和图像型磨粒传感器。其中，非图像型磨粒传感器是指各类电参数传感器(如电阻型、电磁感应型、静电感应型、光电及超声型)[42]，这些传感器具有灵敏度高、检测速度快的特点，用于在线磨粒监测能够获取磨粒的质量浓度以及材料属性特征，但无法探测磨粒的几何信息。基于显微成像的图像型磨粒传感器能够获得磨粒图像信息，并从中提取磨粒尺寸、浓度、粒径以及颜色特征信息表征磨损，可提高装备早期故障监测精度，因此，图像型探头已成为促进油液磨粒在线监测技术发展的关键，但由于这类探头中包含光学显微成像部件，难以实现小型化和在线应用，加之光学显微成像对油液透明度较敏感，结果造成图像型磨粒传感器的研究困难重重。参考文献[43]中基于工作原理的分类方式，可将现有图像型磨粒传感器分为图像型与电磁－图像混合型两种。以下内容主要介绍这两种传感器的特点、应用范围以及代表性研究成果，通过相互对比，分析它们的优势与不足。

1.2.1 非图像型磨粒传感器

(1)光学磨粒传感器[44~52]

光学磨粒传感器使用的光学方法主要可分为遮光法和散射法。利用遮光法进行磨粒监测的原理是：当油液流经具有狭窄通道的传感器时，磨粒的遮光作用使光电元件接受的光通量减弱，由于被遮挡的光通量与磨粒投影面积成正比，故光电器件输出电信号的幅值直接反映磨粒的大小，因而可测出磨粒的分布。美国HIAC/ROYCO公司已推出基于遮光原理的磨粒监测器，测量的粒度范围为1~999μm。利用光散射特性进行磨粒监测的原理是：将激光束射向悬浮有磨粒的油液，当磨粒粒度与激光波长接近时，将发生光的散射，通过测定散射光强的空间变化，可以确定磨粒的尺寸及其分布。这种类型的传感器还是以美国HIAC/ROYCO公司的产品最为代表性，测量粒度范围为0.5~25μm。上述两种方法虽能测出磨粒的粒度分布，但不能反映磨粒的形状，而磨粒的形状对辨别磨损机理十分重要。为了同时测出磨粒的浓度和形状，Tskus Sato等与M. Linzor联合开发了新一代光学油液磨粒在线监测技术。其原理是当油液通过传感器的测量区时，磨粒在磁场内旋转，测量区的光导纤维射出的激光被旋转磨粒散射，通过光导纤维内的传感器测量散射光的强度，经过频谱分析便可得出磨粒的粒度和形状信息。由于旋转磁场只能对黑色金属磨粒起作用，有色金属磨粒则只能产生频谱中的直流成分，因而不能反映有色金属磨粒的形状，目前这种技术还未进入实用阶段。还有利用前向散射光学测量技术开发的在线磨粒传感器，最具代表性的是美国海军研究所光学技术部开发的 LaserNet Fines 光学磨粒监测仪。该系统可用于离线分析，也可用于在线监测，可测定尺寸从 5 ~ 100μm 的磨粒浓度，对于其中大于 20μm 的磨粒，通过系统中的电子相机可计算其形态特征，利用人工神经网络方法进行磨粒分类。但是该仪器不能进行金属磨粒和非金属磨粒的区分，而且造价昂贵。从上面的分析可以得到：光学型传感器的优点是结构简单，检测的粒度范围较宽，但是，这种类型磨粒传感器的缺点是团粒聚集、气泡和水珠都会影响测量结果，而且对油液的透光性也有很高的要求。

(2)电学磨粒传感器

此类传感器是通过测量磨粒电学性能的变化来反映油液中磨粒的状态，根据工作原理可以分为：电容型、电阻型、电感型和静电型。

电容型：电容型磨粒传感器的原理是将油液及其中的磨粒作为电介质，油液中磨粒含量的不同，将影响介电常数的变化，因此，通过油液介电常数的监测，可以计算出油液中磨粒的数量。由于磨粒、水分、污染物等因素都会引起油液介电常数的变化，所以通常用这种方法来进行油品总体性能的监测。

电阻型：不同材质的磨损微粒具有不同的电阻率，当油液通过电阻传感器时，电阻值的变化便反映了磨粒的浓度和粒度分布。如 OCEI - A 快速分析仪[53]、北京铁路科研所杨其明和杨晓陶开发的 YZ - 1 型磨粒监测仪[54]及 Fulmer 公司研制的 Fulmer WDM 型磨粒监测器都是可实现在线监测的电阻型仪器[55]；而应用最广泛的是英国 Coulter 公司推出的电阻型颗粒计数器，其粒度监测范围为 1 ~ 100μm。电阻型磨粒传感器只在介质中有大量的金属磨粒时才起作用，由于油液的电导率通常都较大，因此这种方法的灵敏度欠佳[44,45]。

电感型：当油液通过螺线管型磨粒传感器时，油液中铁磁性磨粒会改变油液整体的相对磁导率，相当于改变了螺线管的电感值，而螺线管电感值的变化与铁磁性磨粒的数量和尺寸有关，这就是电感型磨粒传感器的原理。由于这种类型的传感器体积小、结构简单，可与油液管路方便连接，在电学型磨粒传感器中研究最多，产品也最多。Whittington 等对这种传感器的原理方案进行了研究[56]，B. W. Flynn 等对电感型传感器使用中的气泡和水滴干扰问题进行了讨论[57]，Wei

等研究了电感式磨粒传感器的磁场均匀性问题[58]，Miller 和 Kitaljevich 通过实验的方法验证了电感型磨粒传感器的有效性[59]。

鉴于电感型磨粒传感器的突出优势，国外诸多研究机构和公司对其进行了大量的研究。Vickers Tedeco 公司开发的电感式磨粒监测传感器 QDM[60,61]，磨粒捕获效率高达 90%，已用于 GE90 发动机的轴承与齿轮磨损在线监测。加拿大 GasTops 公司基于电感检测原理开发的 MetalSCAN 传感器可识别大于 100μm 铁磁性和大于250μm 非铁磁性磨粒，能够实现不同粒度范围的磨粒计数。该传感器对在用润滑油进行全流量监测，不影响油液的流动，该技术已成功应用于美军各型号飞机的齿轮传动系统、风电齿轮箱等装备的磨损在线监测[62,63]。加拿大渥太华大学的 Li 等针对背景噪声和振动干扰对 MetalScan 传感器信号的影响[64]，提出了运用小波分析方法提高磨粒的识别能力。美国 NASA 格伦研究中心Dempsey 运用 MetalScan 监测齿轮磨损，由齿轮累积磨损量预测齿轮点蚀，采用模糊逻辑技术对 MetalScan 的监测数据进行分析，提出设置齿轮点蚀损伤判断阈值的方法[65,66]。美国 NREL 的 Sheng 等[67]综合运用振动和 MetalScan 对风电齿轮箱进行在线监测，结果表明，综合两种监测技术可以改善风电齿轮箱健康状态的评价。美国普惠公司 Miller 等[68]将 MetalScan 用于对 F22 猛禽战斗机发动机的轴承、齿轮的磨损监测中，讨论了传感器电子和机械结构的设计原则。

电感型磨粒传感器最小可以检测的铁磁性磨粒粒度为 60μm[69]，适合油液中异常大磨粒的检测，而摩擦学研究指出，设备开始发生异常磨损的磨粒尺寸通常是 10～100μm，因此，作为磨粒的早期预报，这种类型传感器的灵敏度需要进一步提高。

静电型：针对 MetalScan 传感器监测的磨粒粒度范围有限，1998 年英国南安普敦大学 Wood 和 Smith 公司 Powrie 等[70-72]在基于静电感应的磨损监测技术方面做了大量工作，设计了一种磨粒在线监测静电传感器 OLS(Oil Line Sensor)，OLS 根据静电感应原理实现磨粒在线监测，识别铁磁性和非铁磁性、金属和非金属等不同类型的磨粒，并能够实现磨粒大小的分类计数。OLS 静电传感器被纳入美国联合攻击战斗机(Joint Strike Fighter，JSF)项目作为健康监测方案之一[73]。

此外，美国太平洋西北国家实验室(Pacific Northwest National Laboratory，PNNL)基于 X 射线荧光能谱检测原理，开发了 PNNL XRF 磨粒监测传感器，已在美国海军船舶齿轮箱的在线监测中获得应用[74]。

1.2.2 图像型磨粒传感器

按照光源照明方式不同可将图像型磨粒传感器分为透射光图像型与反射光图

像型。透射光图像型探头主要由 CCD 或 CMOS 传感器、显微镜头、透射光光源及微流道组成。其主要原理为：当油液流经探头微流道时，透射光下运动磨粒经显微镜头投影成像于 CCD 或 CMOS 像面，磨粒透射图像被传送至计算机进行数据分析。最具代表性的镜头成像型磨粒探头当属美国斯派超公司开发的 Laser Net Fines(LNF)[75]，它是将脉冲激光束射向运动磨粒，基于光的前向散射原理在 CCD 像面获取磨粒透射图像，根据磨粒数量计算油液中磨粒浓度，由遮光面积可确定磨粒尺寸与形状特征，该探头的磨粒尺寸识别精度为 4 ~ 100μm。LNF 的磨粒成像原理被业内同行广泛认可，基于遮光原理，美国洛克希德·马丁公司的 Thomas 等[76]提出一种磨粒分析系统，采用激光器作为透射光源，磨粒透射光图像被图像传感器捕获，并发送至计算机进行磨粒视觉信息提取与分析，由磨粒形状判断磨损类型。英国学者 Hamilton 等提出一款与 LNF 原理相似的齿轮箱油液监测用磨粒探头[77]，可识别风电齿轮箱油液中等效粒径大于 125μm 的异常磨损颗粒，根据磨粒面积与长轴长度等几何尺寸参数进行磨粒形状分类，确定齿轮箱内轴承异常磨损和齿轮故障，但该探头的磨粒识别精度极低，无法用于齿轮早期磨损故障监测。为此，西班牙 atten2 公司采用磨粒透射成像原理开发了 Oilwear S/C/P 系列图像型探头[78](图 1 - 1)，对磨粒的最小识别精度可达到 5μm 左右，能够对等效粒径大于 4μm 的磨粒进行计数，可自动分类等效粒径大于 20μm 的特征磨粒，已被用于汽轮机及风电齿轮箱的磨粒在线监测。为实现此类探头的小型化设计，西班牙巴斯克大学的 Mabel 和 Zubia 提出了基于小孔成像的无镜头微型磨粒探头[79-80]，采用针孔光阑替代探头成像系统中的显微镜头，使得图像型探头体积进一步缩小(物理尺寸如图 1 - 2 所示，为 35mm × 45mm × 45mm)，但磨粒显微成像清晰度明显降低。

图 1 - 1　Oilwear S/C/P 系列图像型探头[7]

图 1 - 2　无镜头微型探头

尽管透射光图像型探头已形成商业化产品，并开始应用于实际工况，但此类探头采用遮光原理获取磨粒图像，无法获得磨粒表面形貌及颜色特征，利用磨粒颜色可反映摩擦副氧化磨损及过载失效故障[81]。所以，西安交通大学的 Wu 等提出了反射光图像型在线磨粒探头[82]，在油液流动状态下获取不同形貌和颜色的磨粒反射光图像[83,84]。基于类似成像原理，英国曼彻斯特大学的 Khan 等人开发了基于微流道的反射成像探头系统，根据形状与颜色特征对获得的氧化磨粒图像进行识别和分类[85]，实现了对齿轮氧化磨损的在线实时监测和判断[86]。Peng 对微流道内油液磨粒的转动特性进行了分析[87]，提出基于视频方式获取磨粒反射光图像序列，利用图像序列重构了磨粒的 3 – D 形貌特征[88]。单一反射光下磨粒图像与背景的颜色相近，不利于后续图像处理与磨粒特征提取，为此奥地利维也纳理工大学的 Haiden 等提出了基于成像的反射光磨粒探头系统[89]，图像中白色磨粒与黑色背景可提升图像对比度，提高磨粒图像识别精度，但由于微流道高度有限该传感器系统仅能实现 0.1 ~ 2μm 金属磨粒的在线监测与粒径信息提取[90]。图像型磨粒传感器在提高显微成像质量与小型化设计方面已取得了突出进展，但仍存在一些技术问题亟待解决，具体为：

(1) 显微成像系统景深有限，为获得清晰磨粒图像，传感器微流道内油腔的高度多在 10 ~ 200μm 之间[87]，磨粒通过性差，甚至造成大粒径磨粒堵塞，不利于图像型探头的实际应用；

(2) 悬浮在油液中的磨粒在运动状态下可被连续采样与监测，运动模糊引起磨粒图像变形，导致磨粒轮廓特征提取不准确，尤其当油液流速大于 1.5m/s 时，磨粒图像变形产生的特征提取误差接近 50%[79,80]，尽管采用点扩展函数估计法 (Point Spread Function，PSF) 实现了磨粒运动模糊图像的恢复，但只有当流量为 1mL/min 时，所述磨粒图像恢复方法才有效[83,84]，所以流量过大将造成图像型探头在线监测结果的可信度低；

(3) 流道内油腔狭小与油液流速低将限制图像型磨粒传感器的通油量，影响磨粒在线监测效率。

为消除图像型传感器的磨粒运动模糊问题，提高磨粒图像清晰度，需要使油液中的运动磨粒保持静止，且处于显微镜头景深范围内；为提高磨粒在线监测效率，需要在不影响磨粒显微成像效果的前提下增大图像型探头微流道的通油量。鉴于上述问题，西安交通大学研究人员提出一种基于电磁 – 图像混合原理的在线数字图像型电磁永磁混合励磁铁谱探头[91]，它借助电磁和永磁混合励磁装置产生高梯度磁场力，磁场力作用下油液中的铁磁性磨粒有序沉积，此时磨粒沉积谱位于显微镜头景深范围内，透射光下采用 CMOS 传感器可在线获取清晰磨粒图像，从而实现了磨粒静态显微成像，但这种探头增加了励磁装置，相比于图像型磨粒传感器，其结构复杂、体积大、功耗高且安装使用困难。为解决这一问题，Wang 等又首次开发出在线图像可视铁谱传感器[92]（Online Visual Ferrograph，OLVF），通过改变油液流动方向实现了高梯度磁场力作用下磨粒短距离有序沉积；优化了磁路结构，使电磁－图像混合型探头的体积和功耗进一步减小，并且流道内油腔的高度增大至 1mm[93]，使得该传感器最大通油量达到 10mL/min，相比单一图像型磨粒传感器已有显著提升。目前，OLVF 传感器已具备体积小、结构简单且能够有效识别微米级磨粒的能力[94]，可采用透射光成像方式获取磨粒图像信息，通过磨粒浓度指标提取与数据分析验证了装备润滑系统的油液磨粒在线监测之有效性和可行性[95－98]。OLVF 传感器技术经历了十多年的发展，虽然在磁路优化以及磨粒沉积理论研究方面已取得显著进展，但显微成像性能仍不能满足实际工程需要，尤其无法可靠获得具有丰富视觉特征信息的磨粒反射光图像，用于在线磨粒监测与磨损分析。

油液磨粒在线监测系统中的关键技术是磨粒传感器的设计[26,27]，对磨粒传感器的要求为：①有效采集 10μm 以上较宽粒度范围内的磨粒；②定量给出磨粒的浓度、尺寸信息；③实时获取磨粒图像；④能够初步判断设备的磨损机理和程度；⑤集成度高、易操作；⑥体积小，在设备油路中便于安装。油液磨粒在线监测技术具有良好的实时性，能够表征装备磨损过程的细节特征，相较于定期取样的离线分析技术具有巨大优势。但当前绝大多数在线监测磨粒传感器仍处于实验室阶段，难以适应复杂的工业应用现场，尚不能满足装备健康监测的需求。仅有少数产品实现了完全的工业化，但监测功能不完备，监测的有效磨粒粒径范围有限，难以实现磨粒视觉特征信息的在线提取。并且，国外对于高质量的油液磨粒在线监测传感器作为军事技术，对我国实行技术封锁。为此，本书的研究内容就是按照上述技术要求，以 OLVF 传感器为基础，进行电磁－图像型磨粒传感器的设计与开发，并在此基础上，研究和发展油液磨粒监测技术，使之能够有效实现设备磨损状态的在线监测和异常磨损故障诊断。

2 电磁 - 图像型磨粒传感器嵌入式显微成像系统建模与分析

基于电磁 - 图像原理的磨粒传感器具备电磁分离沉积、透反射光照明以及磨粒图像获取功能[92]，可借助高梯度磁场从装备在用润滑油中分离铁磁性磨粒，利用 CMOS 图像器件获取磨粒谱片[99,100]，从中提取磨粒的形状、尺寸及浓度等特征指标，用于定量表征磨损过程[101,102]。嵌入式显微成像系统是电磁 - 图像型磨粒传感器获取磨粒视觉信息的核心部件，具有体积小、结构紧凑且可满足狭小空间使用的突出优点，但其显微成像的像差大、图像清晰度低[103]，且磨粒视觉特征辨识难度大，导致提取的磨粒特征指标单一且缺乏可信度，最终造成磨损在线监测结果不够准确。实际中，由于缺乏光路结构设计的理论模型与技术依据，长期以来仅凭借经验设定电磁 - 图像型磨粒传感器的光学参数，选取显微镜头与 CMOS 图像器件的光学成像部件，并通过人眼视觉感知评价显微成像系统性能之优劣。磨粒高质量显微成像是电磁 - 图像型磨粒传感器监测技术研究的理想目标，但这些问题却成为制约该技术进一步发展的主要技术瓶颈，目前尚无有效的解决方法与研究成果。

针对上述问题与不足，本章开展以下研究，具体内容为：

(1)针对电磁 - 图像型磨粒传感器的嵌入式显微成像系统，建立基于光路总长度与像面照度的等效光路模型，由约束条件确定成像系统的放大倍率与有效焦距，以此为基础计算显微成像系统光路结构参数的取值范围；

(2)研究工业单板机镜头的显微成像方法，设计镜头测试装置，基于测试装置建立被测镜头的 MTF(Modulation Transfer Function，MTF)模型，提取单板机镜头显微成像质量评价指标，选取最佳成像性能的显微镜头；

(3)开发具备均匀照明的电磁 - 图像型磨粒传感器用反射光源，基于照明均匀性理论计算反射光源结构参数与安装高度，利用 TracePro 仿真分析反射光源的照明均匀性，光电性能测试获得反射光源电气特性；

(4)计算光学放大倍率与物距、像距调焦量的对应关系，分析嵌入式显微成像系统的景深与光学倍率的相互关系，确定物距、像距长度以及景深大小，设计光学倍率可调的嵌入式显微成像系统。

2.1 嵌入式显微成像系统的光路模型

嵌入式显微成像系统需具备体积小、结构紧凑、短光路、成像清晰及稳定可靠的特点，为获得倒立放大的显微图像，图像传感器的感光面必须位于光学显微镜头 2 倍焦距之外位置。数字显微镜系统通常采用直接接收与间接接收方式捕获放大图像[90,91]。其中，直接接收方式是将图像传感器的感光面直接放置于显微镜头像方焦平面位置，物体通过显微镜头直接成像；间接接收方式是在显微镜头后方放置场镜，并将图像传感器的感光面移至场镜像方焦平面位置，以获取物体显微图像。相比之下，直接接收方式结构简单，成本低廉，易满足小型化、短光路设计要求。因此，本书采用直接接收方式实现嵌入式显微成像系统设计，其中主要光学部件包括 CMOS 传感器、显微镜头以及 LED 反射光源，结构如图 2－1(a)所示。

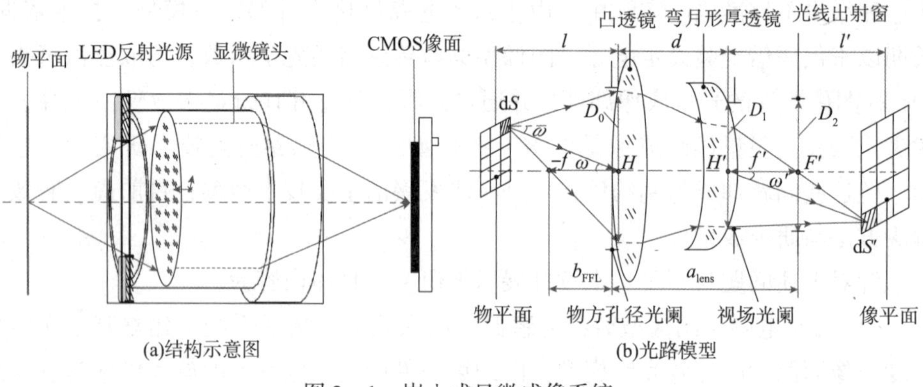

图 2－1 嵌入式显微成像系统

如图 2－1(b)所示，将显微镜头等效为凸透镜与弯月形厚透镜组成的透镜组，反射光源的中心通孔作为物方孔径光阑，该孔径光阑本身就是成像系统的入瞳(其孔径表示为 D_0，即为 LED 光源的通孔直径)，显微镜头的光圈作为成像系统的出瞳(其孔径表示为 D_1，即为镜头焦距与光圈数值之比)，显微镜头的后通光孔作为成像系统的光线出射窗，可限制像方视场大小(其孔径表示为 D_2)。为确保像方任意位置均能获得倒立的实像，假设像方焦点 F' 位于光线出射窗几何中心位置。在图 2－1(b)中，l 和 l' 分别表示嵌入式显微成像系统的物距与像距，d 为入瞳与出瞳之间距，f 和 f' 分别表示显微镜头的物方焦距与像方焦距(显微镜头置于空气中，物方焦距与像方焦距的绝对值相等，且符号相反，即$f' = -f$，ω与ω'分别为物面光线出射角与像面光线入射角。假设成像系统的入瞳与物方主平面重合，出瞳与像方主平面重合，那么，嵌入式显微成像系统的光路总长度L与像面照度分布$E_s(x', y')$可分别表示为

$$\begin{cases} L = l + l' + d \\ \dfrac{E_s(x', y')}{L_0 D_0^2} = \dfrac{4\pi\tau_{\text{lens}} f^2(\beta+1)^2}{[4f^2(\beta+1)^2 + (x'^2 + y'^2)]^2} \end{cases} \tag{2-1}$$

$$\begin{cases} l = f(1+1/\beta) \\ l' = f(1+\beta) \\ d = a_{\text{lens}} + b_{\text{FFL}} - 2f \end{cases} \tag{2-2}$$

式中，β为成像系统的光学放大倍率；L_0为物面微元dS的发光亮度；τ_{lens}为显微镜头的透射率；a_{lens}为显微镜头物理尺寸；b_{FFL}为显微镜头光学前焦长。

Matlab仿真分析放大倍率β、显微镜头光学长度$(a_{\text{lens}} + b_{\text{FFL}})$对成像系统的光路总长度$L$的影响，显微镜头焦距取值分别为$f = 6\text{mm}$、8mm和10mm，当$\beta \in [1.0, 2.0]$和$a_{\text{lens}} + b_{\text{FFL}} \in [10\text{mm}, 25\text{mm}]$时，$L$与$\beta$、$a_{\text{lens}} + b_{\text{FFL}}$的关系如图2-2所示。

由图2-2可见，显微镜头焦距f变大，光路总长度L亦随之增大。当f为定值时，L主要由β和$a_{\text{lens}} + b_{\text{FFL}}$决定，$\beta$增大有利于提高成像系统分辨率，但$\beta$过大会导致光路长度增大，不利于嵌入式显微成像系统结构小型化。所以，本书选用优化参数$\beta = 2.0$作为嵌入式显微成像系统的光学放大倍率[12]，此时L值可由$a_{\text{lens}} + b_{\text{FFL}}$值来确定。为实现嵌入式显微成像系统在线原位使用，对焦物面到CMOS像面的光路总长度须满足$L \leqslant 40\text{mm}$，由公式(2-1)计算可得f应小于或等于8mm。假设光线透过显微镜头时无光能损耗，则有$\tau_{\text{lens}} = 1.0$，那么当$f = 6\text{mm}$和$f = 8\text{mm}$时，通过公式(2-1)和公式(2-2)，在$x' \in [-2\text{mm}, 2\text{mm}]$和$y' \in [-1.5\text{mm}, 1.5\text{mm}]$区间内仿真计算归一化$E_s(x', y')/L_0 D_0^2$的等值线图，如图2-3(a)和图2-3(b)所示，计算可得$E_s(x', 0)/L_0 D_0^2$在x'方向的变化曲线如图2-3(c)所示。

当$\beta = 2.0$时，f值越大，CMOS像面中心与边缘区域的照度相差越小，表明像面均匀性越好。相比之下，当$f = 8\text{mm}$时，嵌入式显微成像系统像面照度更具均匀性。将f与β代入公式(2-1)和公式(2-2)可得到显微镜头的光学长度$a_{\text{lens}} + b_{\text{FFL}}$上限值，所以确定$a_{\text{lens}} + b_{\text{FFL}}$应满足以下条件

$$2f \leqslant a_{\text{lens}} + b_{\text{FFL}} \leqslant f\left(\beta + \frac{1}{\beta}\right) \tag{2-3}$$

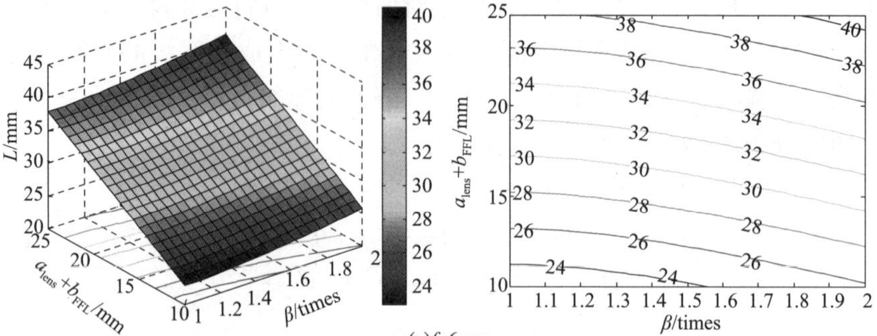

(a)f=6mm

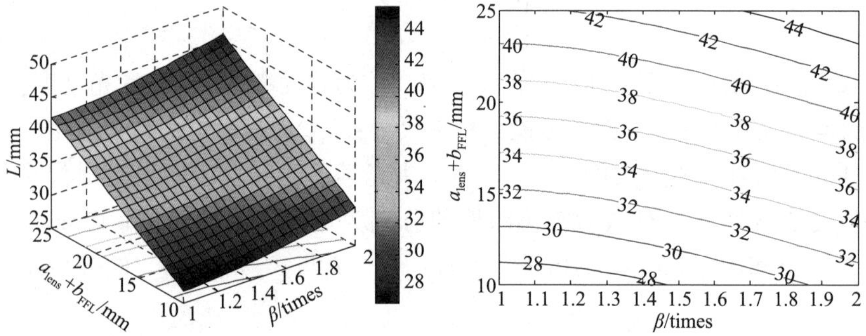

(b)f=8mm

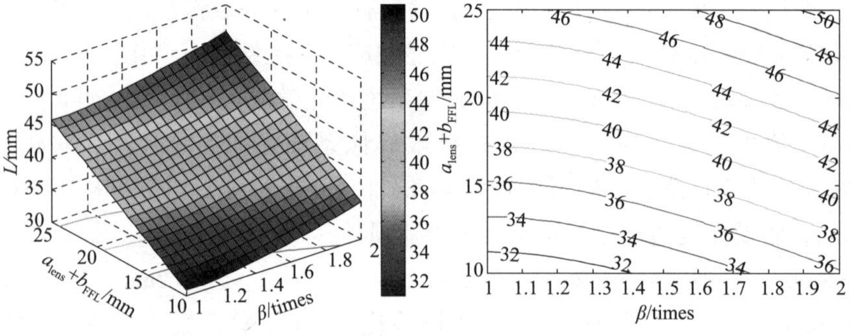

(c) f=10mm

图 2-2　嵌入式显微成像系统光路总长度 L 与 β、$a_{\text{lens}}+b_{\text{FFL}}$ 之关系描述

将 $f=8\text{mm}$ 和 $\beta=2.0$ 代入式(2-3)，计算可得 $16\leqslant a_{\text{lens}}+b_{\text{FFL}}\leqslant 20$，以该边界条件为约束可确定显微镜头的光学长度取值范围。为满足在线原位使用要求，显微成像系统的焦距与放大倍率须固定不变。物方孔径光阑用于限制轴上物点成像光束的宽度与孔径角，当物方介质折射率、CMOS 像元尺寸以及反射光波长为定值时，由道威判断可知，增大物方孔径光阑直径可提高嵌入式显微成像系统的

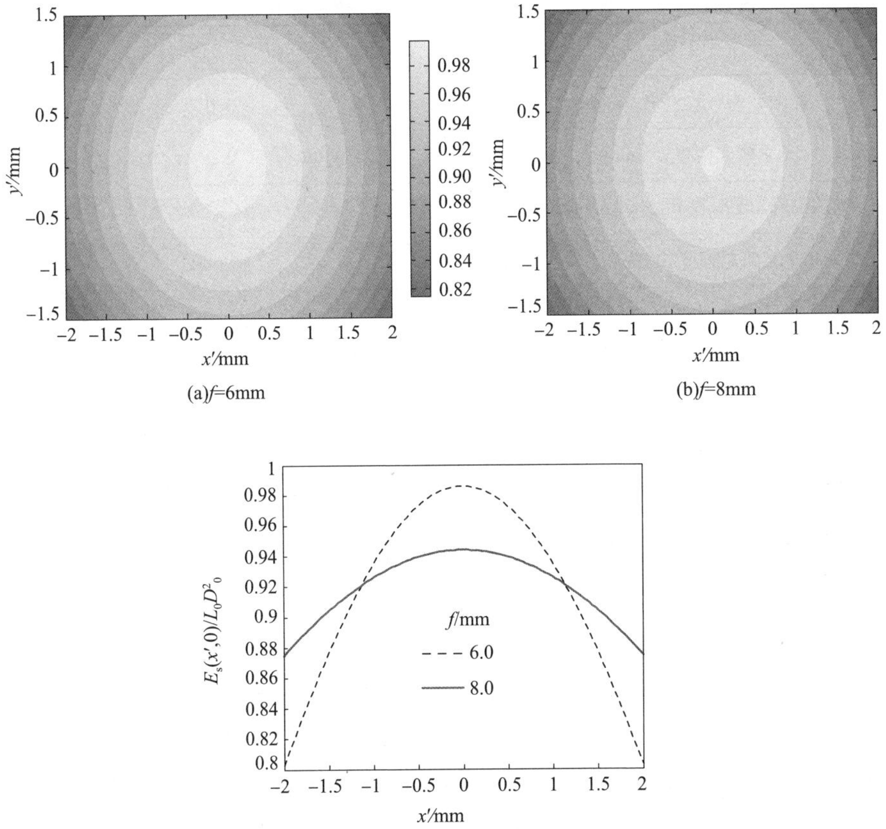

(a)f=6mm (b)f=8mm

(c)x′方向归一化像面照度变化

图 2－3 归一化像面照度分析

光学分辨率。大量研究结果表明：摩擦副磨损所产生的磨粒粒径分布在 10～100μm 范围内[104,105]，为了有效识别微米级磨损颗粒，且兼顾小型化要求，本书嵌入式显微成像系统的分辨率 δ_T 的目标设计值为 $\delta_T \leqslant 12\mu m$，已知成像系统总的光学分辨率等于显微镜头与图像传感器分辨率之和，所以 δ_T 可表示为

$$\delta_T = \frac{2a}{\beta} + \frac{0.5\lambda}{n_{\text{air}} \sin\left\{\arctan\left[\frac{\beta}{2(\beta+1)} \cdot \frac{D_0}{f}\right]\right\}} \leqslant 12\mu m \tag{2-4}$$

当 $f=8.0$mm 且 $\beta=2.0$ 时，可确定嵌入式显微成像系统的光路设计参数，如表 2－1 所示。

表2－1　嵌入式显微成像系统的光路设计参数

光学参数	参数值
显微镜头有效焦距 f/mm	8.0
光学放大倍率 β/times	2.0
显微镜头光学长度 $a_{\text{lens}}+b_{\text{FFL}}$/mm	16～20
光路总长度 L/mm	36～40
孔径光阑直径 D_0/mm	4～10
视场光阑直径 D_1/mm	2.5～4
光线出射窗直径 D_2/mm	≥1.67

2.2　显微镜头评价与选取

机器视觉的显微成像技术可用于微小物体表面形态的观测与分析[106]，并被广泛应用于生物医学、工业生产与加工以及航天探测领域。Michael C 等采用显微成像技术研究解吸电喷雾电离中玻璃表面的样本移除问题[107]；Nada N 等利用该技术研究光的散射成像，并将其应用于细胞组织结构分析与临床诊断等领域[108,109]；Kim 等利用该技术提出采用一种显微成像系统实时监测热转换设备中的 $CaCO_3$ 污垢处理过程[110]；Kassim 等通过显微成像获得机加工件表面纹理图像，用于分析研究刀具磨损程度[111]；Liam Pedersen 等将显微成像技术应用于火星探测器，对火星上的土壤和岩石表面的形态纹理进行观测与分析[112]。然而，上述研究多采用专业显微物镜配合高性能电荷耦合器件(Charge Coupled Device，CCD)实现高质量显微成像[113]，尽管像差小、成像质量高，但它们的结构复杂、光路长且体积大，仅局限于在实验室环境下离线使用，难以适用于工业现场狭小空间的在线使用。单板机镜头可实现狭小空间内短光路、低倍率显微成像，采用这类镜头设计电磁－图像型磨粒传感器，具有体积小、结构紧凑之特点，可被安装于装备油液循环系统的管路中，进行磨粒视觉特征获取与磨损过程的在线监测[114,115]。目前，缺乏单板机镜头显微成像质量定量评价方法，电磁－图像型磨粒传感器难以获得较高清晰度磨粒图像，制约了该技术的发展。

2.2.1 显微镜头评价方法

显微镜头是嵌入式显微成像系统实现磨粒成像的核心光学部件，需具有体积小，结构简单，成本低廉以及现场工况使用稳定、可靠的特点。本设计的光路总长度 $L \leq 40$mm，满足要求的显微镜头在实际中难以加工，因此，采用镜头显微成像质量评价方法从现有工业型镜头中选取电磁－图像型磨粒传感器用显微镜头。单板机镜头适用于工业现场恶劣工况，可实现狭小空间内短光路放大成像，本书采用单板机镜头作为显微镜头使用，实现嵌入式显微成像系统设计。不同厂家相同光学参数的单板机镜头显微成像清晰度存在差异，为确保嵌入式显微成像系统磨粒成像性能，需对单板机镜头显微成像质量进行定量评价。

调制传递函数(Modulation Transfer Function，MTF)作为定量描述线性不变系统成像本领的一个基本物理量，可反映光学系统信息传递能力，用于客观评价成像性能[116]。Chao. C 等利用在线光学测试设备获取手机镜头模组 MTF[117]；And Lengwenus 等利用狭缝法获取红外光学镜头 MTF[118]；Samei 与 Micheal 提出采用刃边法获得 MTF 用于评价 X 光照相成像系统性能[119]，证明了 MTF 方法用于评价光学镜头的可靠性和准确性。然而，尽管这些方法客观准确，但需要以镜头光学结构参数和专业测试仪器为支撑，只适用于长光路光学镜头成像质量评价，难以满足小体积、短光路单板机镜头显微成像性能定量评价要求，所以，需专用的测试与评价手段，以解决显微镜头选型问题。

本设计首先采用自制测试装置，利用针孔法分别获取不同像场位置的星点图像，基于 MTF 理论计算单板机镜头倒置使用时显微成像测试系统总的 MTF；建立了镜头透镜组 MTF 数学模型，提取中心视场弧矢方向 MTFA 以及边缘视场相对解析度变化率，用于度量镜头成像清晰度与像面平整度；不同倍率条件下，提取四款镜头的评价参数值，采用四款镜头分别采集 RGB 点阵图像，对比评价参数值与所选镜头实际成像效果，验证该方法用于显微镜头选取之有效性，分析确定最佳显微镜头。然后，利用被测镜头分别获取 RGB 点阵图像，采用平均功率谱(Average Power Spectrum Value，APSV)、灰度平均梯度(Gray Mean Gradient，GMG)及拉普拉斯算子和(Laplacian Summation，LS)评价点阵图像清晰度，验证本书方法用于单板机镜头显微成像质量定量评价之准确性和有效性。

单板机镜头显微成像测试系统结构如图 2－4(a)所示，白光 LED 平板光源作为透射光源，平板光源上方有星点靶标，光线透过星点靶标的微米级圆孔产生目标光源，星点靶标固定在 $x-y$ 方向定位台上。单板机镜头安装于调焦机构中，被测镜头入瞳作为系统出瞳，CMOS 传感器位于调焦机构上方，光线通过镜头透镜组与出瞳，像面中心对焦情况下 CMOS 获得的放大星点图像如图 2－4(b)所示。

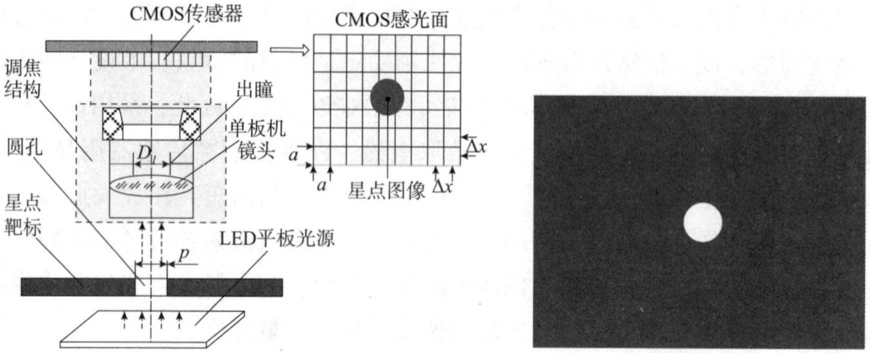

(a)显微镜头测试装置示意　(b)星点图像

图 2－4　显微镜头测试装置示意图及获得的星点图像

测试之前需调整成像系统光学倍率至 $\beta = 2.0$，然后调节 xy 方向定位台，使星点分别位于 CMOS 像面中心及边缘视场不同位置(图 2－5)，获取星点图像，并求取 MTF，具体方法为：

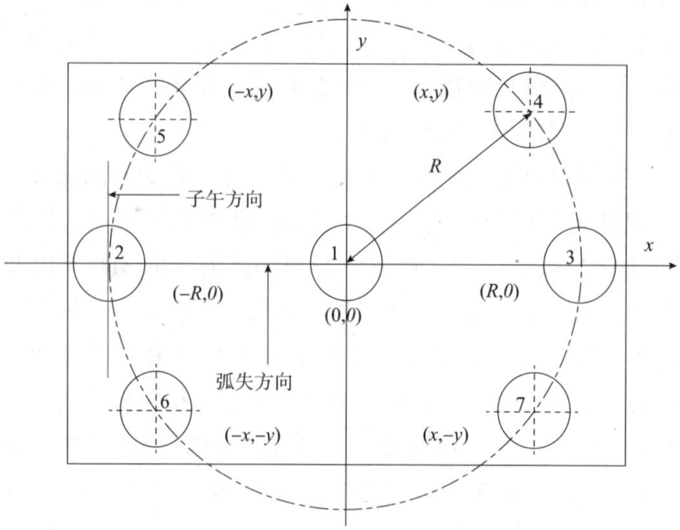

图 2－5　CMOS 像面星点分布示意图

(1)移动星点靶标，使目标星点位于图像几何中心(0，0)位置，像面对焦确保星点直径最小，获得中心视场位置星点图像；

(2)以中心视场位置星点图像为参考，沿 x 轴方向移动星点至边缘视场(R,

0)位置，以图像几何中心为圆心、R 为半径做圆，在圆周上选取 n 个坐标点，将星点移至各个坐标点位置，依次捕获不同视场位置星点图像；

(3)对星点图像进行傅里叶变换，获得星点图像像面谱，空间频域内对像面谱进行归一化处理，并从中去除目标光源频谱，结果取模即为单板机镜头显微成像测试系统总的 MTF。

假设该测试系统具有线性及空间不变性，令系统的点扩展函数(Point Spread Function，PSF)为 $PSF(x,y)$，目标星点为 $f(x,y)$，星点图像为 $g(x,y)$，那么 $g(x,y)$ 可表示为 $f(x,y)$ 与 $PSF(x,y)$ 之卷积，忽略随机噪声干扰，则有

$$
\begin{aligned}
g(x,y) &= \int f(\xi,\eta) PSF(x-\xi,y-\eta)\,\mathrm{d}\xi\mathrm{d}\eta \\
&= f(x,y)\cdot PSF(x,y)
\end{aligned}
\tag{2-5}
$$

对式(2-5)进行二维傅里叶变换，令 $MTF_{\text{meas}}(\xi,\eta)$ 为成像系统总的 MTF，由卷积理论可得到 $MTF_{\text{meas}}(\xi,\eta)$ 为

$$
MTF_{\text{meas}}(\xi,\eta) = |\mathcal{F}\{PSF(x,y)\}| = \frac{|G(\xi,\eta)|}{|F(\xi,\eta)|} \tag{2-6}
$$

式中，ξ，η 为空间频率；$G(\xi,\eta)$ 为归一化星点像面谱；$F(\xi,\eta)$ 为归一化目标光源频谱。

假设 CMOS 传感器像素为 $M\times N$，空间频域内移动 $G(\xi,\eta)$ 坐标至 $G(\xi-M/2,\eta-N/2)$，$F(\xi,\eta)$ 归一化之后可用 BESINC 函数表示[120]，等价于 LED 平板光源引入的 MTF。令星点靶标的圆孔直径为 p，则测试系统总的 $MTF_{\text{meas}}(\xi,\eta)$ 可表示为

$$
MTF_{\text{meas}}(\xi,\eta) = \left| \frac{G\left(\xi-\dfrac{M}{2},\ \eta-\dfrac{N}{2}\right)\pi\beta p\sqrt{\xi^2+\eta^2}}{2J_1(\pi\beta p\sqrt{\xi^2+\eta^2})G(0,0)} \right| \tag{2-7}
$$

式中，$J_1(x)$ 为一阶 Bessel 函数，可表示为

$$
J_1(x) = -2/\pi x\cdot\int_1^{\infty}\sin(xu)/(u^2-1)^{\frac{3}{2}}\mathrm{d}u \tag{2-8}
$$

当星点位于图像中心视场位置时，图像频谱具有良好的对称性，其弧矢与子午方向的 MTF 相同；当星点位于边缘视场位置时，图像频谱不对称性，其弧矢与子午方向的 MTF 存在差异[121]。由公式(2-7)求得不同像场位置星点图像对应的 $MTF_{\text{meas}}(\xi,\eta)$，利用 CMOS 极限空间分辨率 $\beta/2a$ 的一半作为测试系统的奈奎斯特频率(截止频率)，令 $G_{\text{centre-S}}(\xi-M/2,\eta-N/2)$ 为星点位于图像中心位置时的像面谱，则 $\xi\in[0,\beta/4a]$ 区间内弧矢方向的调制传递函数 $MTF_{\text{centre-S}}(\xi,0)$ 为

$$MTF_{\text{centre-S}}(\xi,\ 0)=\left|\frac{G_{\text{centre-S}}\left(\xi-\frac{M}{2},\ -\frac{N}{2}\right)\pi\beta p\xi}{2J_1(\pi\beta p\xi)G(0,\ 0)}\right| \tag{2-9}$$

同理，令 $G_{\text{edge-M}}(\xi-M/2,\ \eta-N/2)$ 为星点位于图像边缘任意位置时的像面谱，则 $\eta\in[0,\ \beta/4a]$ 区间内子午方向的调制传递函数 $MTF_{\text{edge-M}}(0,\ \eta)$ 为

$$MTF_{\text{edge-M}}(0,\ \eta)=\left|\frac{G_{\text{edge-M}}\left(-\frac{M}{2},\ \eta-\frac{N}{2}\right)\pi\beta p\eta}{2J_1(\pi\beta p\eta)G(0,\ 0)}\right| \tag{2-10}$$

由图 2－4(a)可见，单板机镜头显微成像测试系统主要由 CMOS 传感器与被测镜头组成，其显微成像质量受到被测镜头解析度、CMOS 像元尺寸以及采样间隔等因素的共同影响，忽略 CMOS 相邻像素单元串扰影响，则测试系统在弧矢与子午方向的 MTF 模型可表示为

$$\begin{cases}MTF_{\text{centre-S}}(\xi,\ 0)=MTF_{\text{lens-S}}(\xi,\ 0)\cdot MTF_{\text{detector}}(\xi,\ 0)\cdot\\ \qquad MTF_{\text{samp}}(\xi,\ 0)+\dfrac{N_{ns}(\xi,\ 0)}{F(\xi,\ 0)}\\ MTF_{\text{edge-M}}(0,\ \eta)=MTF_{\text{lens-M}}(0,\ \eta)\cdot MTF_{\text{detector}}(0,\ \eta)\cdot\\ \qquad MTF_{\text{samp}}(0,\ \eta)+\dfrac{N_{ns}(0,\ \eta)}{F(0,\ \eta)}\end{cases} \tag{2-11}$$

式中，$MTF_{\text{lens-S}}$ 为弧失方向镜头解析度引入测试系统的 MTF；$MTF_{\text{lens-M}}$ 为子午方向镜头解析度引入测试系统的 MTF；MTF_{detector} 为 CMOS 像元尺寸引入的 MTF；MTF_{samp} 为采样间隔引入的 MTF；N_{ns} 为频域内随机噪声频谱函数，若令 $F\gg N_{ns}$，则有 $N_{ns}(\xi,\ 0)/F(\xi,0)=N_{ns}(0,\ \eta)/F(0,\ \eta)\approx 0$。

已知 CMOS 像元尺寸为 $a\times a$，感光区域对每个像素单元的填充系数为 100%，则像元孔径可用矩形函数 $p(x,\ y)$ 表示，即为

$$p(x,\ y)=\text{rect}(x/a)\text{rect}(y/a)=\begin{cases}1,\ |x|\leqslant a/2,\ |y|\leqslant a/2\\ 0,\ \text{Others}\end{cases} \tag{2-12}$$

对公式(2－12)进行傅里叶变换，可得空间频域内 $MTF_{\text{detector}}(\xi,\ \eta)$ 为

$$\begin{aligned}MTF_{\text{detector}}(\xi,\eta)&=\left|\sum_{x=0}^{M-1}\sum_{y=0}^{N-1}p(x,y)\exp[-j2\pi(\xi x/M+\eta y/N)]\right|\\&=|\text{sinc}(a\xi)|\cdot|\text{sinc}(a\eta)|\end{aligned} \tag{2-13}$$

式中，$\text{sinc}(x)$ 可表示为 $\sin(\pi x)/\pi x$，CMOS 像素单元越小，同一频率的 MTF_{detector} 值越大，表明像面分辨率越高。假设 CMOS 传感器采样间隔与像元宽度相等[即为 $\Delta x=a$，如图 2－4(a)所示]，忽略 CMOS 相邻像元之间的间距，则有 $MTF_{\text{samp}}(\xi,\ \eta)=MTF_{\text{detector}}(\xi,\ \eta)$[122]。被测镜头解析度是影响显微成像清晰度

的决定性因素，结合公式(2-9)~公式(2-13)，推导可得被测镜头的 $MTF_{\text{lens-S}}$ 和 $MTF_{\text{lens-M}}$ 表达式为

$$\begin{cases} MTF_{\text{lens-S}}(\xi,\ 0) = \dfrac{\left| G_{\text{centre-S}}\left(\xi - \dfrac{M}{2},\ -\dfrac{N}{2}\right)\pi\beta p\xi \right|}{|2J_1(\pi\beta p\xi)G(0,\ 0)| \cdot |\operatorname{sinc}(a\xi)|^2} \\ MTF_{\text{lens-M}}(0,\ \eta) = \dfrac{\left| G_{\text{edge-M}}\left(-\dfrac{M}{2},\ \eta - \dfrac{N}{2}\right)\pi\beta p\eta \right|}{|2J_1(\pi\beta p\eta)G(0,\ 0)| \cdot |\operatorname{sinc}(a\eta)|^2} \end{cases} \tag{2-14}$$

采用调制传递函数面积(Modulation Transfer Function Area，MTFA)，即 MTF 曲线与空间频率轴所围的面积值定量评价镜头显微成像质量[123]，MTFA 值越大表明镜头所传递的信息量越多，成像越清晰，$MTF_{\text{lens-S}}(\xi,\ 0)$ 与 $MTF_{\text{lens-M}}(0,\ \eta)$ 曲线所对应的 $MTFA_{\text{lens-S}}(\xi)$ 和 $MTFA_{\text{lens-M}}(\eta)$ 可分别表示为

$$\begin{cases} MTFA_{\text{lens-S}}(\xi) = \displaystyle\int_0^{\frac{\beta}{4a}} MTF_{\text{lens-S}}(\xi,0)\,\mathrm{d}\xi \\ MTFA_{\text{lens-M}}(\eta) = \displaystyle\int_0^{\frac{\beta}{4a}} MTF_{\text{lens-M}}(0,\eta)\,\mathrm{d}\eta \end{cases} \tag{2-15}$$

利用公式(2-15)分别计算图 2-5 中 6 个边缘视场位置星点图像的 $MTFA_{\text{lens-M}}(i)$，推导可得被测镜头边缘视场相对于中心视场的解析度变化率 $\bar{\delta}_{\text{SM}}$ 为

$$\bar{\delta}_{SM} = \frac{1}{\beta} \cdot \left| \frac{\sum_{i=1}^{6} MTFA_{\text{lens-M}}(i)}{6MTFA_{\text{lens-S}}} - 1 \right| \times 100\% \tag{2-16}$$

式中，$MTFA_{\text{lens-S}}$ 值越大表明被测镜头的显微成像清晰度越高；$\bar{\delta}_{\text{SM}}$ 值越小则说明被测镜头的边缘视场图像解析度越高，像差越小。

2.2.2 显微镜头测试分析与选取

根据表 2-1 中所确定的光学参数选取焦距、光圈数与物方孔径光阑相同的四款商业镜头，并对其进行显微成像质量评价测试，像面中心对焦情况下分别获取不同像场位置的星点图像，提取各个镜头评价参数 $MTFA_{\text{lens-S}}$ 和 $\bar{\delta}_{\text{SM}}$，对比显微成像质量评价参数，选取最佳显微镜头，测试系统主要部件的参数值如表 2-2 所示。

表2－2　测试装置各部件参数值

部件名称	参数	参数值
CMOS	像素 $M \times N$	640×480
	像元尺寸 a	6μm×6μm
被测镜头	焦距 f	8.0mm
	光圈数 $F^{\#}$	2.0
	孔径光阑 D_0	4.0mm
星点靶标	星点孔径 p	0.05mm

当 β 分别为1.5和2.0时，设置中心视场星点图像与边缘视场星点图像几何中心位置的间距 R 为1mm，对不同像场位置的星点图像进行傅里叶变换。当 $\beta=1.5$ 时，由公式(2－14)计算 $\xi \in [0,\ 100]$ 空间频域内被测镜头的 $MTF_{\mathrm{lens-S}}(\xi,\ 0)$ 与 $MTF_{\mathrm{lens-M}}(0,\ \eta)$ 曲线，如图2－6所示。由公式(2－15)和公式(2－16)分别计算评价参数 $MTFA_{\mathrm{lens-S}}$ 与 $\bar{\delta}_{\mathrm{SM}}$，计算结果如表2－3所示。

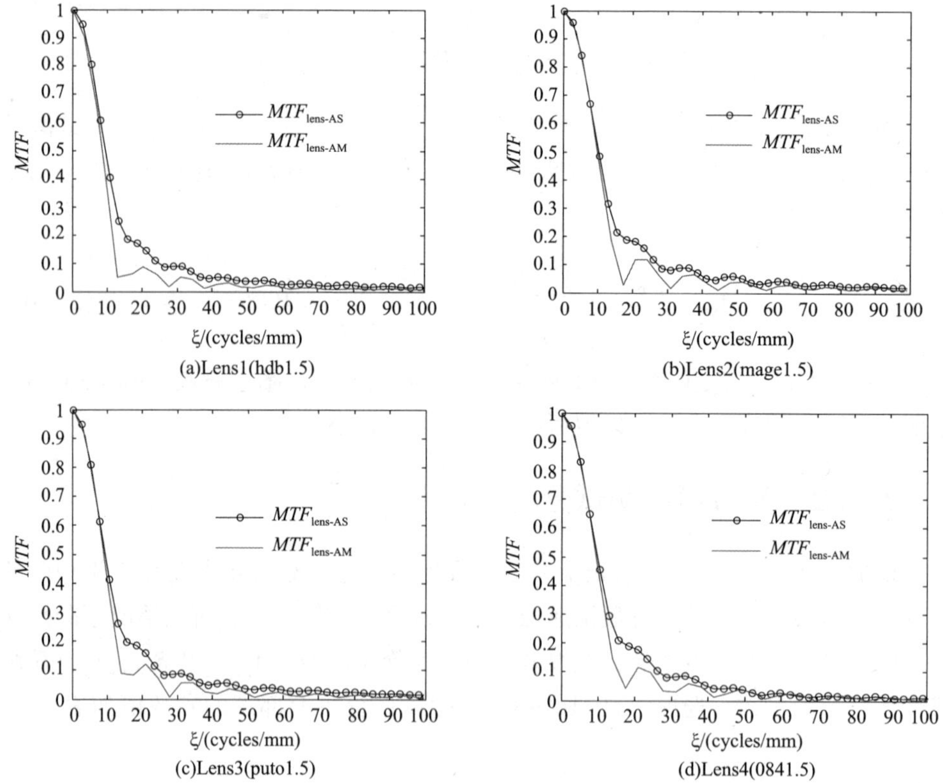

图2－6　镜头 $MTF_{\mathrm{lens-AS}}(\xi)$ 和 $MTF_{\mathrm{lens-AM}}(\eta)$ 曲线($\beta=1.5$)

表 2－3 被测镜头评价参数值

评价参数	参数值			
	Lens1	Lens2	Lens3	Lens4
$\beta=1.5$				
$MTFA_{lens-S}$	11.6030	12.1224	11.7445	11.9329
$\bar{\delta}_{SM}$	13.89%	10.53%	12.48%	11.92%
$\beta=2.0$				
$MTFA_{lens-S}$	13.9049	15.5426	14.3036	14.3108
$\bar{\delta}_{SM}$	11.96%	9.30%	10.84%	10.56%

改变成像系统光学放大倍率，当 $\beta=2.0$ 时，$\xi\in[0,\ 100]$ 区间内的 $MTF_{lens-AS}(\xi)$ 和 $MTF_{lens-AM}(\xi)$ 曲线如图 2－7 所示。

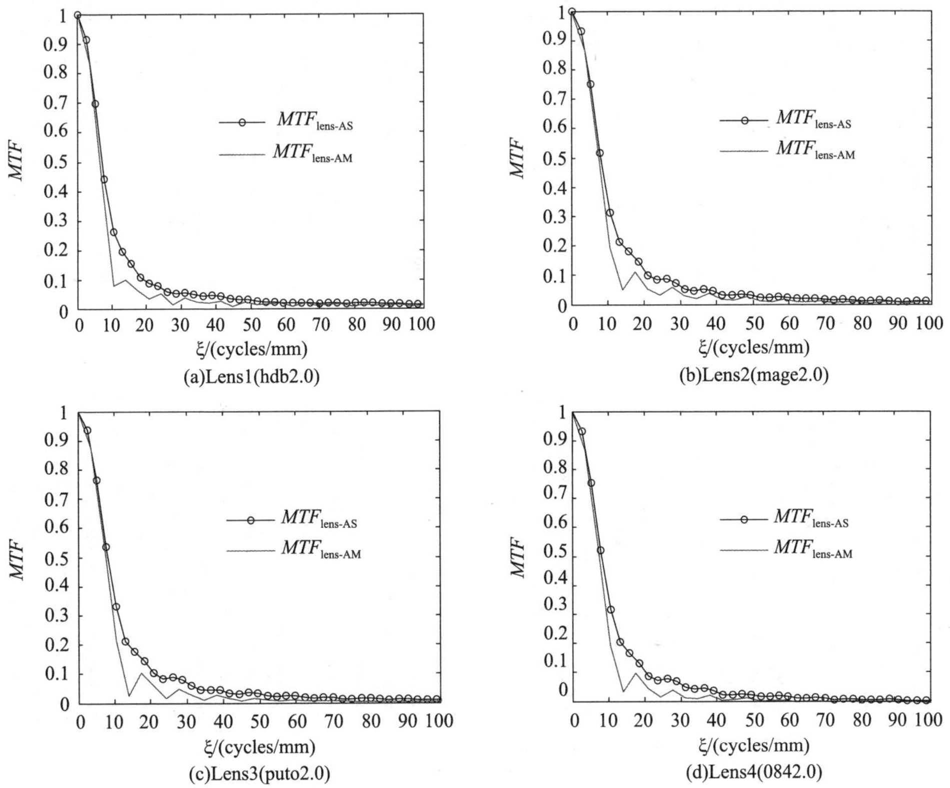

图 2－7 镜头 $MTF_{lens-AS}(\xi)$ 和 $MTF_{lens-AM}(\eta)$ 曲线（$\beta=2.0$）

对比表 2－3 中的参数值可见，Lens2 镜头的 $MTFA_{lens-S}$ 值最大，所对应的 $\bar{\delta}_{SM}$ 值最小，表明这款镜头获取图像的像面分辨率最高，且具有最小的光学像差，显微成像性能优于其他被测镜头，更利于磨粒清晰成像。两种放大倍率条件下，$\beta=2.0$ 的 $MTFA_{lens-S}$ 值大于 $\beta=1.5$，说明随着 β 的增大像面分辨率随之提高；反之，β 越大 $\bar{\delta}_{SM}$ 越小，表明增大 β 值有利于提高像面平整度和边缘视场目标像点的成像清晰度。

为了验证评价结果的正确性，在 $\beta=2.0$ 条件下，利用四款被测镜头分别获取像元尺寸为 125μm×40μm 的 RGB 点阵图像，如图 2－8 所示。假设 RGB 点阵图像中无噪声干扰，傅里叶变换求取图像一维平均功率谱，如图 2－9 所示。*APSV*、*GMG* 及 *LS* 参数值越大，图像分辨率越高，RGB 图像的细节轮廓越清晰，计算结果如表 2－4 所示。

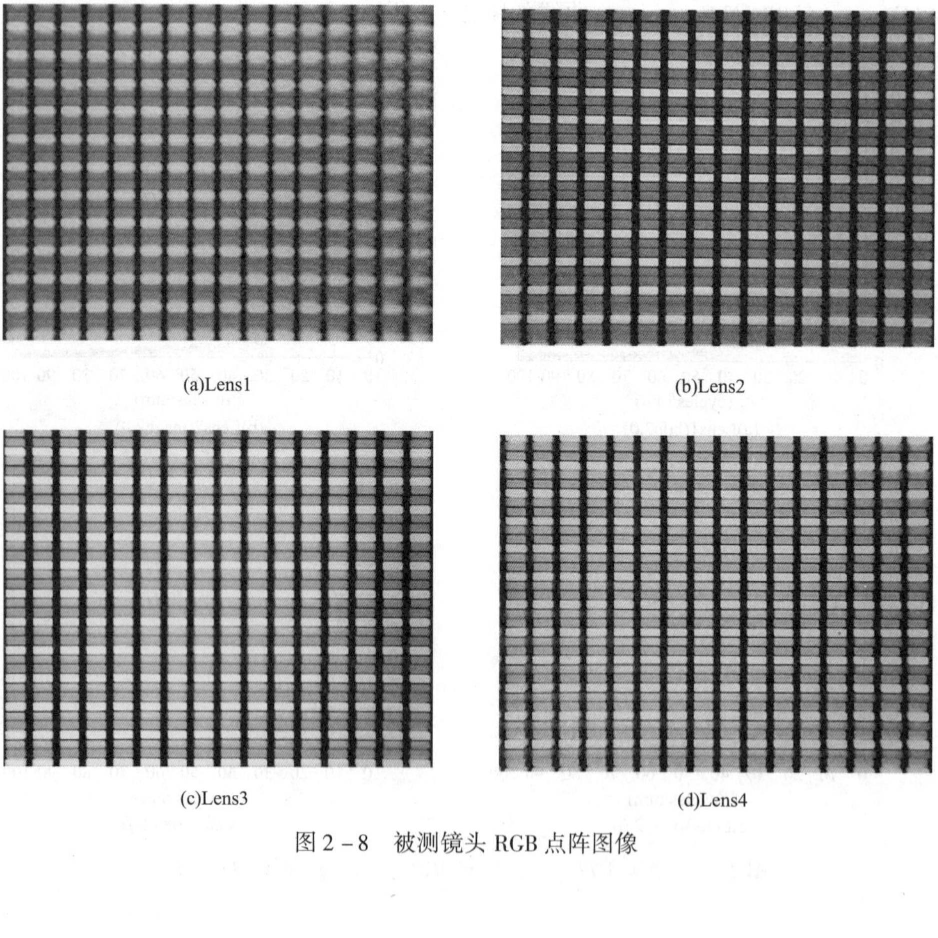

图 2－8　被测镜头 RGB 点阵图像

由图 2-9 可见，随着频率的增大，RGB 点阵图像的平均功率谱幅值逐渐衰减。周期每像素宽度在 0～0.1 范围内，平均功率谱的低频分量幅值迅速衰减，然后急剧增大，Lens2 镜头所对应的功率谱低频分量幅值波动最大，表明该镜头的 RGB 灰度图像反差较大，像面对比度较高。在 0.1～0.5 范围内，随着频率的增大，Lens2 镜头的 RGB 点阵图像高频分量幅值衰减程度较小，表明该镜头获取的图像分辨率较高，图像细节轮廓较为清晰。

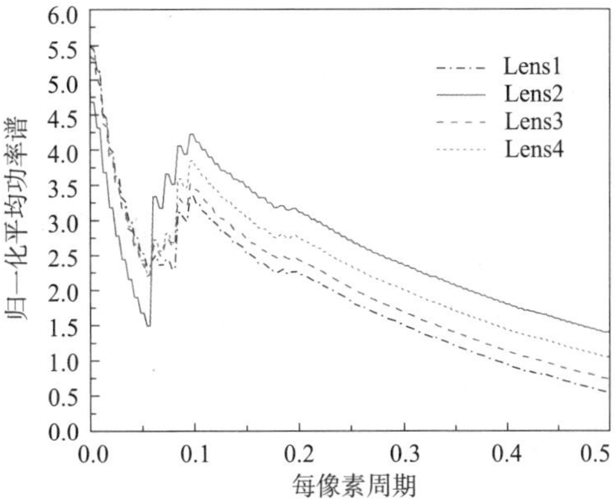

图 2-9　平均功率谱曲线对比

表 2-4　镜头 RGB 点阵图像清晰度评价参数

指标参数	Lens1	Lens2	Lens3	Lens4
APSV	2. 0438	2. 7202	2. 2044	2. 4483
GMG	7. 8852	17. 0244	11. 5569	14. 2778
LS	31. 8842	94. 9212	64. 4538	77. 0098

如图 2-8(a)所示，RGB 点阵图像的像面模糊、分辨率低，表明 Lens1 存在较大场曲像差，图像细节轮廓难以有效识别、清晰度差，但该镜头色差较小。表 2-4，反映 Lens2 镜头显微成像清晰度的 *APSV*、*GMG* 及 *LS* 参数值最大，结合图 2-8(b)，RGB 图像的对比度与分辨率较高，细节轮廓清晰可辨、RGB 点阵色彩鲜明，表明 Lens2 的光学像差较小，更适用于短光路、低倍率显微成像。相比之下，Lens3 和 Lens4 的 RGB 点阵图像[图 2-8(c)(d)]清晰度均优于 Lens1，但不及 Lens2，尤其是 RGB 三基色图像颜色产生严重失真，表明这两款镜头存在较大光学色差，无法准确解析目标磨粒的表面颜色特征。综上所述：Lens2 镜头获取的 RGB 图像清晰度最高，表明其显微成像性能最佳，这与本文评价结果一致。因此，将 Lens2(型号：LBE-A080)作为嵌入式显微成像系统设计用显微镜头。

本书选定镜头的物方孔径光阑直径为 $D_0=4.0\text{mm}$，由公式(2-4)计算可得该嵌入式显微成像系统分辨率的理论值约为 $\delta_T\approx 10\mu\text{m}$，满足 $\delta_T\leqslant 12\mu\text{m}$ 的设计要求，以下章节内容以 $D_0=4.0\text{mm}$ 进行分析计算。

2.3 基于均匀照度的 LED 反射光源设计

2.3.1 LED 反射光源的结构参数确定

反射光源是嵌入式显微成像系统的关键部件，其照明均匀性关系到显微成像清晰度与磨粒图像辨识准确度。由于成像系统体积小、结构紧凑，造成 LED 反射光源的安装空间狭小，反射光源均匀照明实现难度大，但不均匀照明将导致显微成像质量下降，不利于磨粒视觉特征信息提取。

随着 LED 制造技术的快速发展，发光二极管(LED)以小体积、低功耗、高亮度、长寿命和安全可靠等优点被广泛应用于仪器与照明领域。LED 阵列是单颗 LED 点光源的有序排布和集成，可分为平面阵列和曲面阵列，其中平面阵列能更好地满足均匀照明的条件[124]，容易实现狭小区域内的均匀照明，但采用 LED 阵列在狭小空间内实现均匀照明的研究却相对较少。Zhu 等利用环形 LED 阵列与高漫反射率表面实现了间接均匀照明[125]，Li 等针对医用无影灯的应用要求，提出采用非球面透镜与 LED 球面阵列实现目标平面的均匀照明[126]，但其照明系统体积大、结构复杂，无法达到小型化应用要求。Murat 等提出将 1 - D LED 阵列安装于扫描仪中用于立体扫描，实现 3D 显示[127]，但 1 - D LED 阵列照明仅是线形离散光斑点，照明范围小，光照均匀性差。

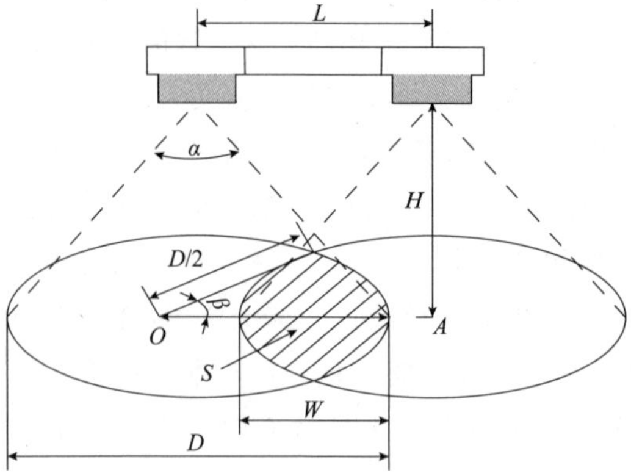

图 2 - 10　LED 阵列照度分布示意图

LED 阵列照明均匀性主要由 LED 光源的间距和发光角度决定[128,129]。目前，LED 平面阵列常采用线形阵列、矩形阵列和圆环阵列排布[130]。采用 2 - LED (即两颗 LED)分析阵列结构与照度分布的关系，如图 2 - 10 所示，假设两颗 LED 的中心间距为 L，LED 与光接受面的距离为 H，LED 的发光角度为 α，光接受面上单颗 LED 照度分布的圆形区域直径为 D，则相隔距离 L 的两颗 LED 照度重叠区域，即阴影部分的横向宽度为 W，面积为 S，可得

$$\begin{cases} D = 2H\tan\left(\dfrac{\alpha}{2}\right) \\ W = 2H\tan\left(\dfrac{\alpha}{2}\right) - L \end{cases} \tag{2-17}$$

$$S = 4\int_0^{\arccos\left(1-\frac{W}{D}\right)} \mathrm{d}\beta \int_{\frac{D-W}{2\cos\beta}}^{\frac{D}{2}} r\mathrm{d}r = D^2\arccos\left(1 - \frac{W}{D}\right) - (D - W)^2\tan\left[\arccos\left(1 - \frac{W}{D}\right)\right] \tag{2-18}$$

由于 LED 是一种非相干光源，光接受面上 N 颗 LED 的照度分布 $E(x, y, z)$ 是由单颗 LED 的照度分布相加而得[131]，则有

$$\begin{cases} \dfrac{E(x,y,z)}{I_0} = z^m \displaystyle\sum_{n=1}^{N} \left\{ \left[x - R\cos\left(\frac{2\pi n}{N}\right)\right]^2 + \left[y - R\sin\left(\frac{2\pi n}{N}\right)\right]^2 + z^2 \right\}^{-\frac{(m+2)}{2}} \\ m' = -\dfrac{\ln 2}{\ln(\cos\theta_{1/2})} \end{cases} \tag{2-19}$$

式中，I_0 为主光轴方向发光强度；R 为 LED 阵列组成的有效圆半径，即 $R = L/2$；N 为 LED 的个数；$\theta_{1/2}$ 为发光半角度，表示发光强度减小到主光轴方向发光强度 I_0 一半时的角度；m 值取决于 LED 发光区域与球面密封材料的曲率中心的相对位置。

通过改变 R 值与 LED 阵列间距，提高反射光源照明均匀性。当环形阵列上均匀布局 N 颗 LED 时，利用斯派罗法则[132]，令 $x = y = 0$ 且 $\partial^2 E/\partial z^2$，求取 R 的最大值为

$$R_{\max} = \sqrt{\frac{6}{2m+7}} \cdot z \tag{2-20}$$

当 N 颗 LED 在半径为 $R_{\max}$ 的环形阵列上均匀布局时可获得最大平坦度，表明 $E(x, y, z)$ 的斜率沿 x 轴方向变化趋近于 0，光接受面上可以获得近似均匀照明。

如图 2-10 所示，公式(2-19)中 $N=2$，那么在笛卡尔坐标系内 2-LED 光源阵列在光接受面上的照度分布 $E_{2-\mathrm{LED}}(x, y, z)$ 表达式为

$$\frac{E_{2-\mathrm{LED}}(x, y, z)}{I_0} = z^m\left\{\left[(x+R)^2 + y^2 + z^2\right]^{-\frac{m+3}{2}} + \left[(x-R)^2 + y^2 + z^2\right]^{-\frac{m+3}{2}}\right\} \tag{2-21}$$

式(2-21)中，认为小功率 LED 密封材料的曲率中心和 LED 芯片位置近似

重合，可看作一个符合朗伯定律的余弦辐射体，即有 $m\approx1$。在 $x\in[-20, 20]$ 和 $y\in[-20, 20]$ 区间内，仿真分析 2 - LED 阵列在光接受面的照度分布，当两颗 LED 位置间距 R 取值分别为 5.0mm，6.0mm，6.5mm，7.0mm，8.0mm 时，x 轴方向上的照度均匀性分布曲线如图 2 - 11(a)所示。由图可见，当 R 在 6 ~ 7mm 之间时，照度分布曲线有最大平坦度。结合公式(2 - 20)，当 R 取最大值时，光接收面上可得到最大近似均匀照明面积，图 2 - 11(b)为 $R_{max}=6.5$mm 时 LED 阵列在 x，y 方向上的照度分布等值线图。

将 $R_{max}=6.5$mm 代入公式(2 - 20)可得 $z=H\approx8.0$mm，即为在距离光源阵列 8.0mm 的光接受面上可以获得 x 方向上的近似均匀照度分布。如图 2 - 11(b)所示，2 - LED 阵列作为反射光源，光接受面上沿 x 方向上的光照度衰减度小于 y 方向的衰减度，说明 2 - LED 阵列不能在照度叠加区域产生近似均匀照明，所以需要采用多颗 LED 有序集成，才能实现较大面积均匀照明，且 LED 数量越多，照明均匀性越好。

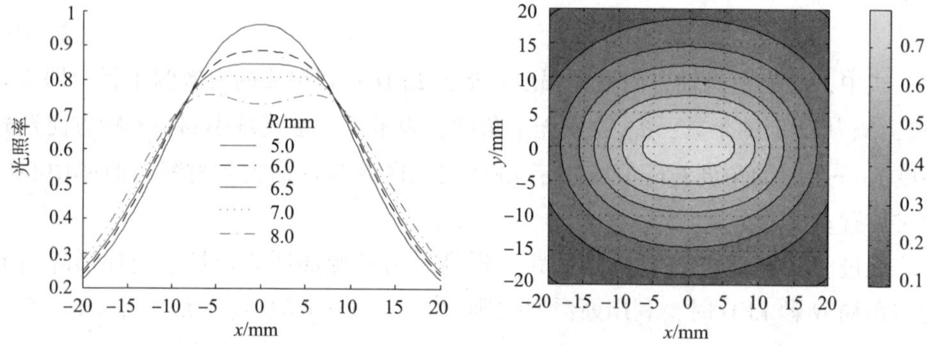

(a)照明均匀性分布曲线图　　(b)照度分布等值线图(R_{max}=6.5mm)

图 2 - 11　2 - LED 阵列光源照度辐射分布

2.3.2　LED 反射光源设计与均匀性计算

为获得较大照度叠加区域，结合 2 - LED 阵列结构分析，本书采用圆环形偶数阵列排布设计 LED 反射光源，该光源由 8 颗 0.1W 小功率 LED 组成，以 $\pi/4$ 夹角均匀排布在半径为 R 的圆周上，光源结构与光接受面上照度分布如图 2 - 12 所示。如图 2 - 12(b)阴影部分所示，环形 LED 阵列照度叠加区域为直径 W 的近似圆形区域，假设阴影部分面积为 S'，则可得

$$\begin{cases} S' \approx \dfrac{\pi W^2}{4}, \ R > \dfrac{D}{4} \\ W = 2\left[H\tan\left(\dfrac{\alpha}{2}\right) - R\right], \ \alpha < 90° \end{cases} \tag{2-22}$$

$$\begin{cases} S' \approx \dfrac{\pi D^2}{16}, \ R \leqslant \dfrac{D}{4} \\ D = 2H\tan\left(\dfrac{\alpha}{2}\right), \ \alpha \geqslant 90° \end{cases} \tag{2-23}$$

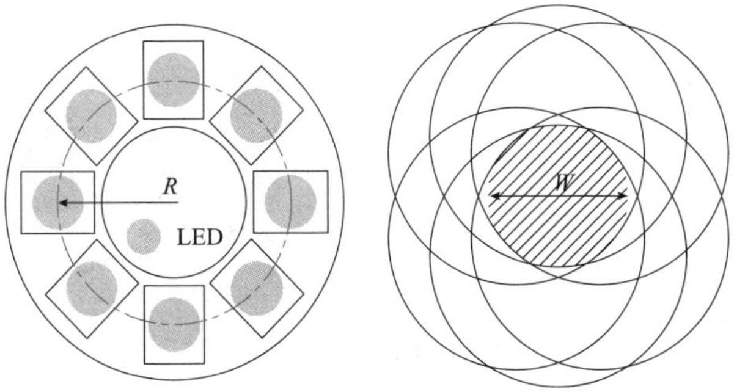

(a)反射光源结构　　(b)照度分布

图 2-12　环形 LED 阵列反射光源示意图

环形 LED 阵列中两颗对称 LED 的中心间距 L 取值为 $2R_{max}=13$mm，单颗 LED 的发光角度 $\alpha \geqslant 90°$，以增大均匀照明范围。

结合光源结构，光接受面上的照度是 8 颗小功率 LED 的照度叠加，即有 $N=8$。将光接受面看作磨粒沉积面，已知光源与磨粒沉积面相距为 $H \approx 8.0$mm，则环形 LED 阵列反射光源在磨粒沉积面上的照度分布为

$$E(x,y) \approx 8I_0 \sum_{n=1}^{8} \left\{ \left[x - R\cos\left(\frac{\pi n}{4}\right)\right]^2 + \left[y - R\sin\left(\frac{\pi n}{4}\right)\right]^2 + 8^2 \right\}^{-\frac{3}{2}} \tag{2-24}$$

在 $x \in [-20, 20]$ 和 $y \in [-20, 20]$ 区间内，仿真分析环形 LED 阵列反射光源在磨粒沉积面上的照度分布，当 8-LED 阵列反射光源的有效半径 R 分别为 5.0mm、6.0mm、6.5mm、7.0mm、8.0mm 时，x 轴方向上的光照率分布曲线如图 2-13(a)所示。由图可见，仿真结果与 2-LED 阵列结果相同，当 $R=6.5$mm 时 8-LED 阵列在磨粒沉积面上的照度均匀性最佳，在 x，y 方向上的照度分布等值线如图 2-13(b)所示。

由图 2-13(b)可知，半径为 5mm 的圆内照度分布近似均匀，结合公式(2-23)，可得到环形 LED 阵列反射光源照度重叠区域的总光通量 ϕ 为

$$\begin{cases} \phi \approx \dfrac{\pi D^2 I_0}{2} \sum\limits_{n=1}^{8} \left\{ \left[x - R\cos\left(\dfrac{\pi n}{4}\right) \right]^2 + \left[y - R\sin\left(\dfrac{\pi n}{4}\right) \right]^2 + 8^2 \right\}^{-\frac{3}{2}}, R \leqslant \dfrac{D}{4} \\ D = 2H\tan\left(\dfrac{\alpha}{2}\right), \alpha \geqslant 90° \end{cases} \tag{2-25}$$

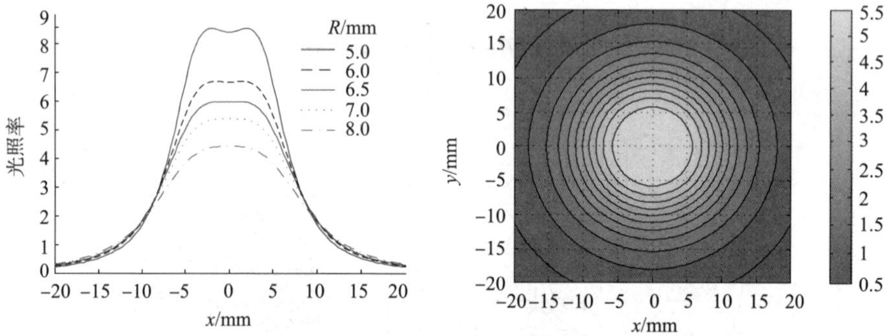

(a)照度均匀性曲线图 (b)照度分布等值线图(R_{max}=6.5mm)

图 2-13 环形 LED 阵列反射光源照度分布

结合磨粒沉积区域的实际面积，在 $x \in [-3, 3]$ 和 $y \in [-3, 3]$ 区间内仿真分析近似圆形区域的光通量分布，图 2-14(a)为 x 轴方向上的归一化光通量曲线图，图 2-14(b)为 R=6.5mm 时对应的 x、y 方向上光通量分布等值线图。由图可见，当半径 R=6.5mm 时，环形 LED 阵列反射光源在直径为 5mm 的近似圆形区域可获得均匀照明。

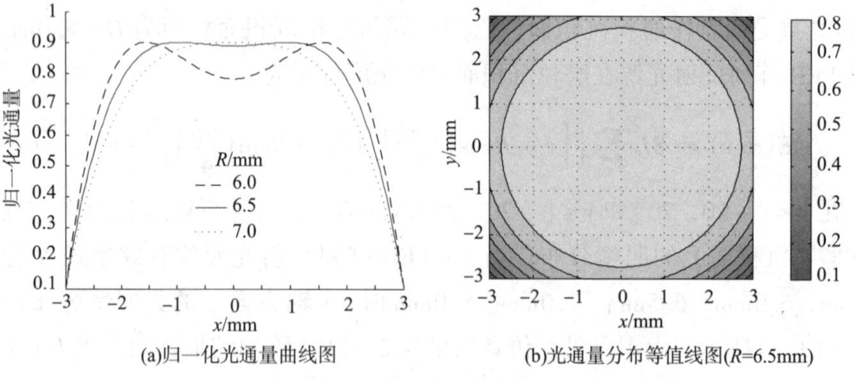

(a)归一化光通量曲线图 (b)光通量分布等值线图(R=6.5mm)

图 2-14 环形 LED 阵列反射光源光通量分布

采用最小光通量 ϕ_{min} 与最大光通量 ϕ_{max} 的比值，即最小照度均匀性比率 $U_{uniformity}$ 来衡量某一照明区域照度均匀性[133]，直径为 5mm 近似圆形区域内的最小

照度均匀性比率可表示为

$$U_{\text{uniformity}}=\frac{\phi_{\min}}{\phi_{\max}}\times 100\%=\frac{E'_{\min}}{E'_{\max}}\times 100\% \tag{2-26}$$

式中，$E'_{\min}$直径为5mm近似圆形区域内的最小照度值；$E'_{\max}$直径为5mm近似圆形区域内的最大照度值。

将$R=6.5\text{mm}$代入式(2-24)中，可得$x\in[0,\ 2.5]$和$y\in[0,\ \sqrt{6.25-x^2}]$区域的$E'(x,\ y)$为

$$E'(x,y)\approx 8I_0\sum_{n=1}^{8}\left\{\left[x-\frac{13\cos(\pi n/4)}{2}\right]^2+\left[y-\frac{13\sin(\pi n/4)}{2}\right]^2+64\right\}^{-\frac{3}{2}} \tag{2-27}$$

当$U_{\text{uniformity}}$大于90%时，可认为该照明区域内照度均匀[134]。利用Matlab求取近似圆形区域内的$E'_{\min}$和$E'_{\max}$，并将其值代入公式(2-26)可知，该区域内的最小照度均匀性比率达到96.7%，照度分布近似均匀，可满足磨粒沉积面均匀照明需要。

2.3.3　照度均匀性仿真分析与实验测试

构建环形LED阵列反射光源3D模型，利用TracePro软件进行照度均匀性仿真分析，设置单颗LED的光通量均为11.659Lm，在模型正下方8mm(即$H=8\text{mm}$)处设置圆形区域作为光接受面，用于模拟磨粒沉积表面，当圆形接受面半径为20mm时，40mm×40mm矩形区域内的照度分布如图2-15所示。由图可知，该光源的最大照度集中在半径为3mm的近似圆形区域内，该区域照度曲线

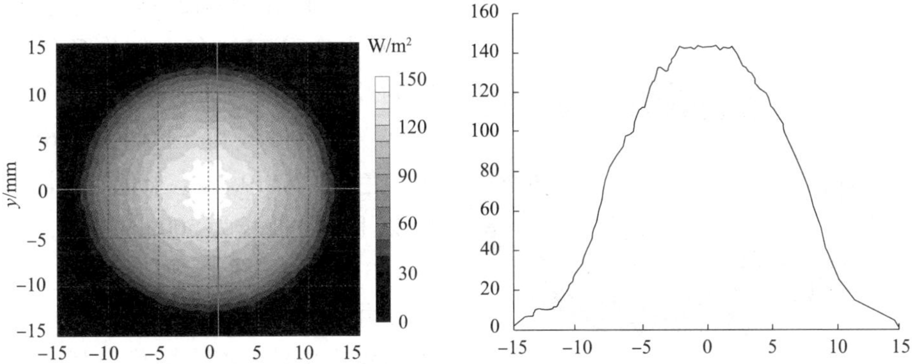

(a)照度分布　　(b)二维照度分布曲线

图2-15　半径为20mm圆形光接受面照度分布

较为平坦，表明照度分布较为均匀。在相同高度下(即 H 值设定为 8mm 时)，进一步缩小光接受面积，设置圆形半径为 3mm，以模拟磨粒沉积面的照度分布，6mm×6mm 矩形区域内的照度分布如图 2－16 所示。

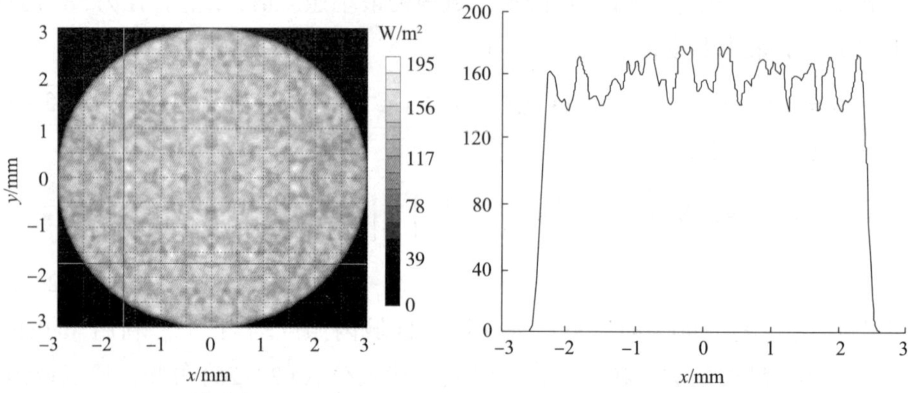

(a)照度分布　　(b)二维照度分布曲线

图 2－16　半径为 3mm 圆形光接受面照度分布

仿真结果可见，当反射光源模型与光接受面之间的距离保持不变时，圆形接受面上的辐照度分布主要在 130～150W/m²之间，照度分布较为均匀，表明磨粒沉积面上可以实现近似均匀照明。

为了提高磨粒铁谱图像质量和视觉特征信息提取的准确性，环形 LED 阵列反射光源性能指标需要满足 CMOS 传感器的最低感光灵敏度要求，确定 LED 阵列反射光源的光电参数设计目标为：光通量≥36lm，色温区间为 5500～6500K，显色指数大于 80(避免图像产生色飘)，最大功率不大于 0.5W，30mA 恒流驱动。

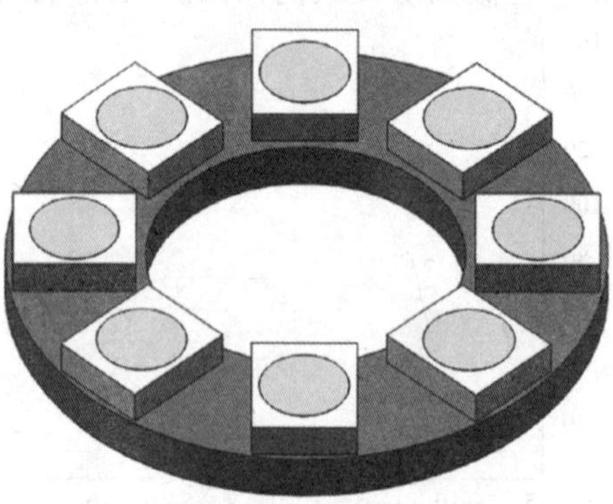

图 2－17　环形 LED 阵列反射光源 3D 结构图

本书采用 SXOT2835 白光系列的 0.1W 小功率 LED 集成制作环形 LED 阵列反射光源，30mA 电流驱动下，0.1W LED 的平均光通量为 11.659lm，平均色温为 6119.2K，显色指数均达到 80 以上，主波长为 500nm 左右，反射光源 3D 结构如图 2－17 所示。

由道维利尔(Dauvillier)判据可知，当光源波长较短时，图像分辨率将会提高，更有利于获取高质量磨粒铁谱图像，并且光源波长越短，光的透射能力也越强。因此，0.1W 小功率 LED 光源性能可以满足环形 LED 阵列反射光源各项设计指标。

采用远方 START-1000 光色电分析仪测试环形 LED 阵列反射光源性能参数，在环境温度 25℃ 与相对湿度 55% 条件下进行扫描测试，积分时间为 128ms，当正向电流为 30mA 时（测试系统电源供电），光源测试参数如表 2-5 所示。

表 2-5 环形 LED 阵列反射光源测试参数

参数类型	功率/W	色温/K	显色指数 *Ra*	主波长 λ/nm	光通量 ϕ/m
参数值	0.3361	6376	82.6	500	56.64

数据显示，环形 LED 阵列反射光源满足低功耗、高亮度的使用要求，光源性能稳定，各项参数均达到设计要求。将该光源安装在电磁-图像型磨粒传感器光路中进行实际测试，积分时间为 198ms，30mA 恒流驱动，则相同环境条件下光源测试参数如表 2-6 所示。由图可见，光源安装在光路中测试时，由于光学镜筒的遮挡，造成光能量的大量损失，光源有效光通量 ϕ 显著降低，但对显色指数 *Ra* 与色温基本没影响。测试结果表明，环形 LED 阵列反射光源可为嵌入式显微成像系统提供高亮度、均匀性照明。

表 2-6 光学系统内 LED 阵列反射光源测试参数

参数类型	功率/W	色温/K	显色指数 *Ra*	主波长 λ/nm	光通量 ϕ/m
参数值	0.3322	6425	82.9	500	38.45

2.4 嵌入式显微成像系统小型化设计与实现

本书提出光学倍率可调的物距与像距调焦机构，使得嵌入式显微成像系统能够在现场工况下原位获取固定倍率的磨粒图像。调焦机构如图 2-18 所示，像距调焦机构通过调焦辅助机构与物距调焦机构连接，CMOS 传感器固定于像距调焦机构上端，显微镜头装于物距调焦机构内部，LED 反射光源固定在显微镜头前端，利用物距调焦机构和像距调焦机构可分别调节光学系统的物距和像距长度，进而改变成像系统放大倍率，本设计的调焦机构可满足光学倍率在 $\beta\in[1.0, 2.0]$ 范围内任意改变。

不同放大倍率所对应的物距和像距长度存在差异，假设光学放大倍率增大量 $\Delta\beta$ 改变所引起的物距调焦量为 Δl，那么在 $\beta\in[1.0, 2.0]$ 区间内 Δl 可

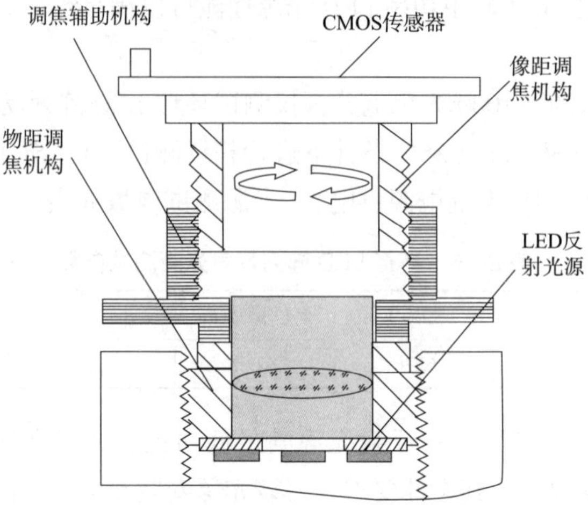

图 2－18　调焦机构示意图

表示为

$$\begin{cases} \Delta l = \sqrt{\dfrac{C_1^2}{4} - C_2} - \dfrac{C_1}{2} \\ C_1 = \dfrac{f[\beta + \Delta\beta + \Delta\beta(\beta+1) + \beta^2]}{\beta(\beta+\Delta\beta)} = \dfrac{f(\beta+1)}{\beta} + \dfrac{f\Delta\beta}{\beta(\beta+\Delta\beta)} \\ C_2 = \dfrac{f^2\Delta\beta(\beta+1)}{\beta^2(\beta+\Delta\beta)} \end{cases} \tag{2-28}$$

相应地，当物距调焦量为 Δl 时，磨粒图像对焦清晰所需要的像距调焦量 $\Delta l'$ 为

$$\Delta l' = \frac{f\Delta\beta(\beta+1) + (\Delta\beta\beta + \beta^2)\Delta l}{\beta} \tag{2-29}$$

当成像系统的光学倍率 $\beta = 1.0$ 且 $f = 8\text{mm}$ 时，在 $\Delta\beta \in [0,\ 1]$ 区间内图像对焦清晰所需调节的物距调焦量 Δl 和像距调焦量 $\Delta l'$ 的变化情况如图 2－19 所示。由图可见，当 β 从 1.0 倍率增大至 2.0 倍率时，需要的物距调焦量 $\Delta l = 1\text{mm}$，相应产生的像距调焦量 $\Delta l' = 5\text{mm}$，光路总长度 L 的增长量为 6mm。如果 $\Delta\beta$ 增加量为 0.1，为实现磨粒图像对焦清晰，物距调焦量 $\Delta l \approx -0.32\text{mm}$，同时所需要的像距调焦量 $\Delta l' \approx 0.82\text{mm}$，分别转动物距和像距调焦机构达到设定的光学倍率。

单板机镜头被倒置作为显微镜头使用，入瞳位于嵌入式显微成像系统最前端，那么该成像系统的景深 V 可表示为

$$\begin{cases} V = \dfrac{2aF^{\#}y^2 f}{\beta^2 f^2 - a^2 F^{\#2} y^2} \\ y = \beta b_{\text{FFL}} + f \end{cases} \tag{2-30}$$

式中，$F^{\#}$为显微镜头相对孔径(光圈值)，可表示为

$$F^{\#} = \frac{f}{D_0} \tag{2-31}$$

式中，D_0为物方孔径光阑(即为系统入瞳)，将公式(2-30)代入公式(2-31)可简化为

$$V = \frac{2aD_0\ (\beta b_{\text{FFL}} + f)^2}{D_0^2\beta^2 - a^2\ (\beta b_{\text{FFL}} + f)^2} \tag{2-32}$$

为确保嵌入式显微成像系统获得最佳分辨率，设计中使得显微镜头的前通光孔径与物方孔径光阑相等，由已选用镜头参数可知：$b_{\text{FFL}} = 6\text{mm}$，$f = 8\text{mm}$ 且$D_0 = 5.0\text{mm}$，代入公式(2-32)中计算可得 T 在$\beta \in [1.0,\ 2.0]$区间内的变化曲线，如图2-20所示。

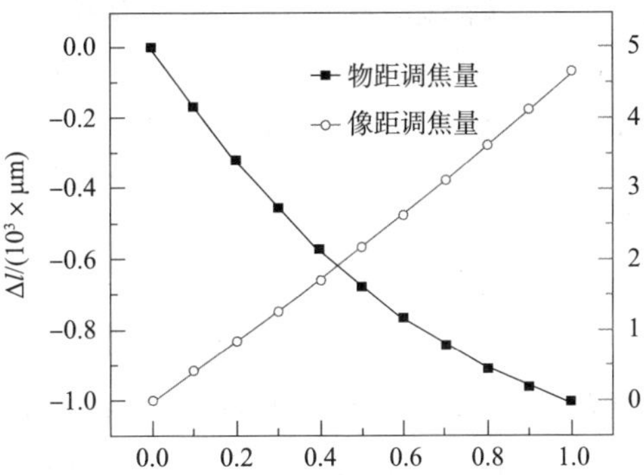

图2-19　放大倍率增大量与物距和像距调焦量的关系

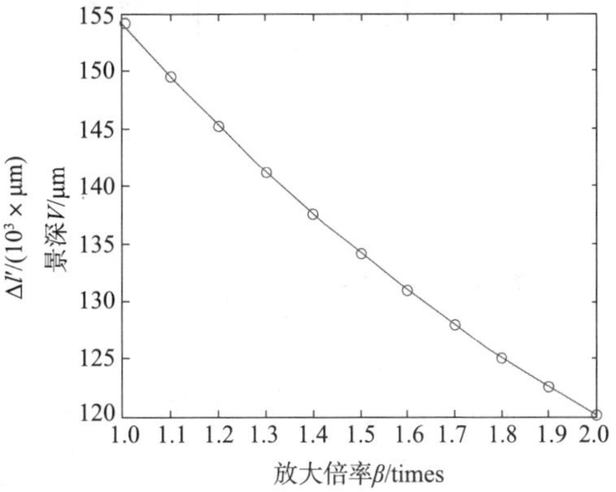

图2-20　成像系统景深与放大倍率的关系

调焦机构通过调节微调螺丝来改变物距与像距的长度，为提高微调精度，物距调焦机构转动一圈产生的位移量 ΔS 需满足

$$\Delta S \leqslant 2V \tag{2-33}$$

当$\beta = 2.0$时嵌入式成像系统的景深为120μm，所以加工时设定物距调焦机构转动一圈的位移量约为250μm，像距调焦机构转动一圈的位移量约为500μm。

如图2-21(a)所示，CMOS传感器、显微镜头及LED反射光源与机械调焦机构的组合体嵌入连接座内部，并通过连接座与设计的流道集成，形成电磁-图

像型磨粒传感器用嵌入式显微成像系统。反射光作用下，本文设计的成像系统不仅可捕获目标图像的形状与轮廓信息，而且能够获取目标图像的形貌、颜色及纹理等视觉特征信息。另外，成像系统的流道内部安装 LED 透射光源，用于电磁－图像型磨粒传感器实现透射光显微成像功能。测试本文设计的嵌入式显微成像系统的实际分辨率，2.0 光学倍率下所获得的不同粒径铁颗粒图像如图 2－21(b)所示，该成像系统可有效分辨 1300 目的铁粉颗粒，其分辨率的实测值约为 10μm，与目标设计值基本相符，可满足磨粒在线监测需要。

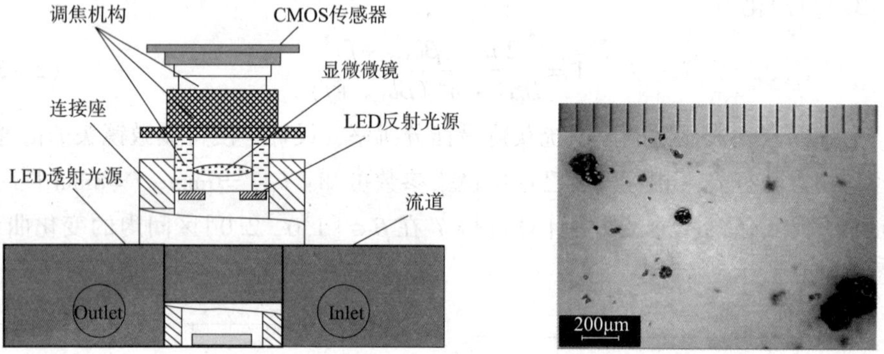

(a)结构示意图　　(b)铁颗粒图像(标尺每格0.1mm; β=2.0)

图 2－21　电磁－图像型磨粒传感器用嵌入式显微成像系统结构与成像效果

2.5　本章小结

嵌入式显微成像系统是电磁－图像型磨粒传感器获取磨粒图像信息的核心装置，其光路结构设计是磨粒显微成像技术研究的重点，直接影响到电磁－图像型磨粒传感器的体积以及所能获得的磨粒视觉信息量。本章在不增大电磁－图像型磨粒传感器体积的前提下，重点研究了电磁－图像型磨粒传感器的嵌入式显微成像系统的光路设计方法，主要工作与结论如下：

(1)建立了等效光路模型，计算确定了基于单板机镜头的工业型原位磨粒在线监测显微成像系统光路设计参数为：有效焦距 8mm，光学倍率 2.0 倍；单板机镜头倒置使用作为显微镜头，为保证成像系统的光路总长度≤40mm，显微镜头的光学长度为 16～20mm；为确保光学分辨率≤10μm，成像系统物方孔径光阑直径设置为 4～10mm。

(2)提出了基于针孔成像的单板机镜头显微成像质量评价方法，建立了显微镜头 MTF 模型，采用评价指标弧矢方向调制传递函数面积$MTFA_{lens-S}$与解析度变化率 $\bar{\delta}_{SM}$，选取了最佳显微镜头。

(3)设计了均匀照明的环形 LED 阵列反射光源，仿真计算确定了环形光源的有效半径、安装高度及均匀照明范围。实验结果表明，环形 LED 阵列在磨粒沉积区域的辐照度分布为 130 ~ 150W/m^2，其光电参数符合电磁 - 图像型磨粒传感器的低功耗、高亮度及均匀性照明的要求。

(4)设计了 1.0 ~ 2.0 光学倍率可调的嵌入式显微成像系统，实测结果表明，2.0 倍率下该成像系统的光学分辨率约为 10μm。

3 电磁–图像型磨粒传感器磁路设计与磨粒沉积特性分析研究

高梯度励磁装置是电磁–图像型磨粒传感器的核心部件之一，从原理上来分主要有三种形式，即电磁励磁型、永磁体励磁型和电磁永磁混合励磁型，其中电磁励磁型最为常用。高梯度励磁装置主要包括磁极、铁芯和线圈三部分，其作用是在磁极工作气隙上方产生一个高强度和高梯度的可控发散磁场，以保证磨粒能实现有效沉积，并满足电磁–图像型磨粒传感器的时序要求。

磨粒在流道底面沉积以后的分布状态有两种：单个磨粒和磨粒链。所以，本章将从这两个方面进行研究：一是研究油液流速和工作磁场对流道底面上单个沉积磨粒的影响；二是研究磨粒在流道沉积表面成链状分布的机理。有必要讨论流速和工作磁场对沉积磨粒的影响，目的是寻找在磁场一定的条件下，采集一定粒度单个磨粒时的最大流速，即确定电磁–图像型磨粒传感器的工作流量范围，或者在流量一定的条件下确定磁场励磁的最小磁势。另外，电磁–图像型磨粒传感器的磨粒采集特性直接取决于流量大小和磁场强弱的选择，所以这两个工作参数对沉积磨粒的影响是值得研究的。此外，在流道底面上沉积磨粒大部分是以磨粒链的形式存在，有必要从理论分析的角度解释磨粒的链状分布机理。

目前，电磁–图像型磨粒传感器高梯度励磁装置的设计重点在于分析磁极参数(如磁极间隙等)对工作磁场的影响，可以根据需要的磁场准确设计出磁极；而占高梯度励磁装置绝大部分的铁芯设计，采用的是有限元迭代计算的方法，计算量非常大，而且不易寻找最佳参数值[135]。本书以电磁–图像型磨粒传感器的小型化为目标，通过磁路方法的应用，讨论了高梯度励磁装置铁芯截面积最小化的问题，通过结构设计的方法，进一步优化了电磁–图像型磨粒传感器的体积，通过有限元分析方法对高梯度励磁装置设计方案进行验证；建立了沉积磨粒在流道底面上的受力模型，分析了油液流速、工作磁场与磨粒受力平衡状态之间的关系，求出固定某粒度单个磨粒需要满足的油液流量和磁场条件，并分析了电磁–图像型磨粒传感器的工作原理；根据磁场中两磨粒之间的相互作用关系，讨论了不同位置磨粒间引力和斥力的变化情况，对磨粒链形成机理以及磨粒链之间的作用力进行了分析。

3.1 电磁 – 图像型磨粒传感器励磁回路设计

对于一个磁路而言，在磁势一定的条件下，只要能计算出磁路的磁阻，根据磁路中需要的磁感应强度大小，就可以由磁路欧姆定律求出磁路的截面积，这是本书进行电磁 – 图像型磨粒传感器励磁回路设计的基本思想。

3.1.1 磁极气隙区域的磁阻分析

从结构上分析，电磁 – 图像型磨粒传感器的励磁回路如图 3 – 1 所示，由铁芯、磁极以及磁极间的工作气隙组成闭合磁路。由于工作气隙磁阻远大于磁路中其他部分磁阻，所以，在不考虑铁芯、磁极等磁路部分磁阻并忽略磁路有效长度的情况下，电磁 – 图像型磨粒传感器磁路的磁阻就约等于工作气隙处的磁阻，即可以认为线圈产生的磁势全部施加于工作气隙处。工作气隙区域的形状较复杂，但是经分解可以认为这个区域是由形状规则的四部分组成：磁极上方的半圆形开放空气区域、磁极中间的长方形气隙区域、磁极下方楔角中间的气隙区域，以及磁极之间楔角气隙下方的半圆形开放空气区域，分别记为区域Ⅰ、区域Ⅱ、区域Ⅲ和区域Ⅳ，同时，这四个区域的磁阻分别记为 $R_{m\mathrm{I}}$、$R_{m\mathrm{II}}$、$R_{m\mathrm{III}}$ 和 $R_{m\mathrm{IV}}$。根据磁场分割法[136-140]，整个磁路的磁阻 R_m 由这四处磁阻并联而成，如图 3 – 2 所示。在不考虑铁芯、磁极等磁路部分磁阻并忽略磁路有效长度的情况下，利用磁导法计算出 OLVF 高梯度磁场装置磁极空气隙间的磁导，进而得到其磁阻，并求出磁通量。

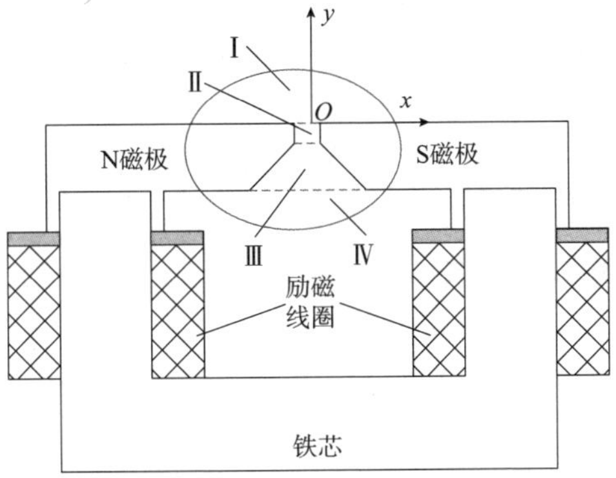

图 3 – 1 电磁 – 图像型磨粒传感器励磁回路

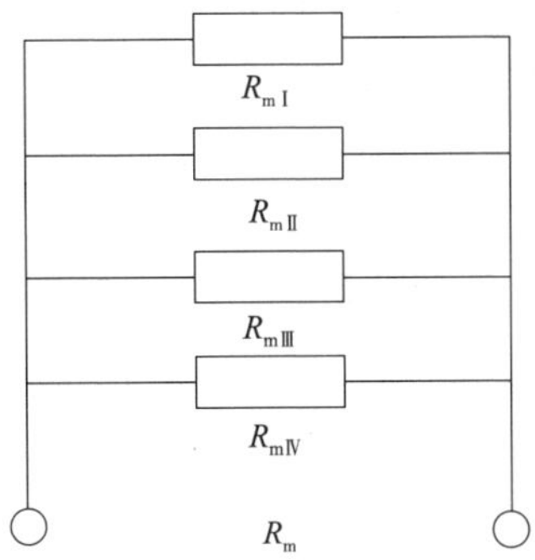

图 3 – 2 励磁回路磁阻

x 方向上长度为 l 的磁极截面尺寸定义如图 3-3 所示。设定磁极尖劈角为 θ，磁极高度为 h，磁极气隙间距为 L_g，磁极尖高度为 h_1。

假设磁极宽度为 a，利用磁导法，并结合以上初始参数分别计算四个气隙区域磁阻。磁导是磁通量与磁动势的比值，用公式可表示为

$$\Lambda_g = \frac{\Phi_g}{F_g} = \mu_0 \frac{S}{g} \tag{3-1}$$

式中，Λ_g 为励磁回路的磁导；Φ_g 为通过励磁回路的磁通量；F_g 为励磁回路的磁动势；S 为磁极横截面积；g 为气隙长度；μ_0 为空气磁导率，且 $\mu_0 = 4\pi \times 10^{-7}\,\mathrm{H/m}$。

对于气隙形状不规则的磁极端面，可采用磁场分割法将磁极气隙分割若干区域，求取各部分磁导，进而计算出磁阻。

(1) 磁极上方区域 Ⅰ 的磁阻 R_{mI}

x 方向长度为 l、外径为 W、内径为 L_g 的扇形体磁极上方的半圆形开放空气区域 Ⅰ 的截面如图 3-4 所示。

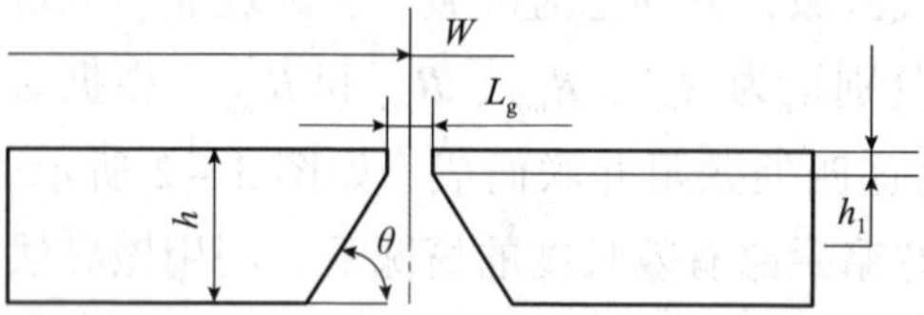

图 3-3　磁极气隙截面尺寸示意图

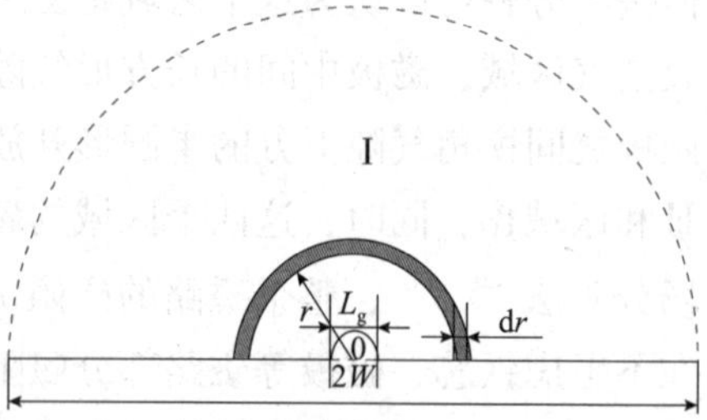

图 3-4　磁极上方的半圆形开放空气区域 Ⅰ 的截面示意图

在区域 Ⅰ 内取微分单元 $\mathrm{d}r$，那么磁力线经过的截面积 $\mathrm{d}S = a\mathrm{d}r$，结合公式(3-1)可得

$$d\Lambda_{gI} = \mu_0 \frac{a\mathrm{d}r}{\pi r} \tag{3-2}$$

根据图 3-4 的积分区间，区域 Ⅰ 的磁导可表示为

$$\Lambda_{gI} = \mu_0 \int_{L_g/2}^{W} = \frac{a\mathrm{d}r}{\pi r} = \frac{\mu_0 a}{\pi}\ln\frac{2W}{L_g} \tag{3-3}$$

那么区域 Ⅰ 的磁阻即为

$$R_{mI} = \frac{1}{\Lambda_{gI}} = \frac{\pi}{\mu_0 a \ln\frac{2W}{L_g}} \tag{3-4}$$

(2)磁极中间长方形气隙区域Ⅱ的磁阻 $R_{m\text{II}}$ 和磁极下方楔角中间气隙区域Ⅲ的磁阻 $R_{m\text{III}}$

由长方体介质磁阻定义公式可求出正对的长方形端面组成的气隙区域Ⅱ处的磁阻 $R_{m\text{II}}$ 为

$$R_{m\text{II}}=\frac{1}{\Lambda_{g\text{II}}}=\frac{L_g}{\mu_0 h_1 a} \tag{3-5}$$

如图 3-5 所示，用长度为 l、上边长为 L_g、底角为 θ、高为 $h-h_1$ 的梯形体来表示磁极下方梯形区域Ⅲ，对梯形区域进行积分运算可得到磁阻 $R_{m\text{III}}$ 为

$$R_{m\text{III}}=\frac{1}{\Lambda_{g\text{III}}}=\frac{1}{\mu_0\int_{\frac{L_g}{2\cos\theta}}^{\frac{H-h_1}{\sin\theta}+\frac{L_g}{2\cos\theta}}\frac{a\mathrm{d}R}{(\pi-2\theta)R}}=\frac{\pi-2\theta}{\mu_0 a\ln\frac{L_g+2(H-h_1)\cot\theta}{L_g}} \tag{3-6}$$

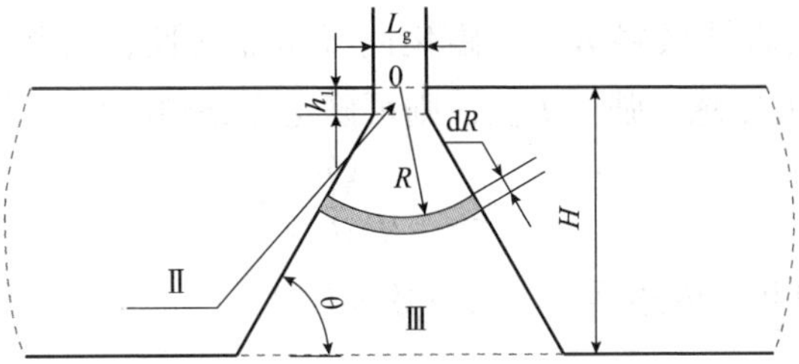

图 3-5 磁极下方楔角中间气隙区域Ⅲ的截面示意图

(3)楔角气隙下方半圆形开放空气区域Ⅳ的磁阻 $R_{m\text{IV}}$

如图 3-6 所示，楔角气隙下方半圆形开放空气区域Ⅳ和磁极上方区域Ⅰ的磁阻 $R_{m\text{IV}}$ 求取方法相同，不同之处在于积分区间的差异，e 表示磁极下方梯形区域Ⅲ的底边边长，其值可写为

$$e=\frac{2(H-h_1)}{\tan\theta}+L_g \tag{3-7}$$

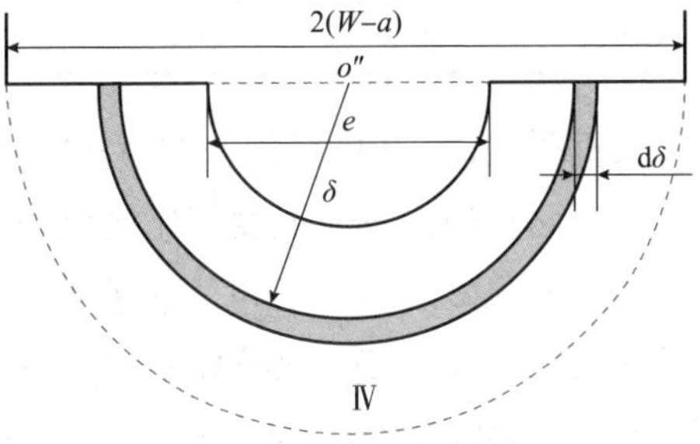

图 3-6 楔角气隙下方半圆形开放空气区域Ⅳ的截面示意图

结合 $R_{m\text{I}}$ 运算结果，则 $R_{m\text{IV}}$ 可写为

$$R_{m\text{IV}}=\frac{1}{\Lambda_{g\text{IV}}}=\frac{1}{\mu_0\int_{e/2}^{w-a}\frac{a\mathrm{d}\delta}{\pi\delta}}=\frac{\pi}{\mu_0 a\ln\frac{2(w-a)}{e}} \tag{3-8}$$

根据上述推导结果可以得出，电磁-图像型磨粒传感器励磁回路的总磁阻 R_m 等效于四个区域的磁阻相并联，即为

$$R_m = \frac{R_{mI} R_{mII} R_{mIII} R_{mIV}}{R_{mII} R_{mIII} R_{mIV} + R_{mI} R_{mIII} R_{mIV} + R_{mI} R_{mII} R_{mIV} + R_{mI} R_{mII} R_{mIII}} \tag{3-9}$$

3.1.2 电磁 – 图像型磨粒传感器励磁回路最小截面积确定

由磁路的欧姆定律可得，电磁 – 图像型磨粒传感器励磁回路的磁通量为

$$\phi_g = \frac{F_g}{R_m} = \frac{NI}{R_m} \tag{3-10}$$

那么，得到磁路中任意截面的磁感应强度 B 则为

$$B = \frac{\phi_g}{S} = \frac{NI}{R_m S} \tag{3-11}$$

式中，N 为励磁线圈匝数；I 为励磁线圈流过的电流值；R_m 为总磁阻。

由于磁路中铁磁性材料 $B-H$ 磁化曲线呈非线性，为避免磁路饱和，通过 $B-H$ 曲线选定最大磁感应强度 B_{max}，则可确定磁路中的最小截面积 S_{min} 表达式为

$$S_{min} = \frac{NI}{R_m B_{max}} \tag{3-12}$$

电磁 – 图像型磨粒传感器的磁极参数如表 3 – 1 所示。

表 3 – 1　电磁 – 图像型磨粒传感器的磁极参数

磁极参数	W/mm	θ/(°)	L_g/mm	h/mm	h_1/mm	l/mm
参数值	32.5	45.0	1.0	5.0	0.5	12.0

根据公式(3 – 12)得到，在 $N=2000$ 和 $I=0.6$A 励磁条件下，磁路截面积不同时，回路中的磁感应强度变化情况如图 3 – 7 所示。

为了避免磁路达到饱和，且保证励磁装置在 DT4 电工纯铁 $B-H$ 磁化曲线的线性区(图 3 – 8)，选取励磁回路中的磁感应强度最大值 B_{max} 为 1.2T，从图 3 – 7 得出当磁动势为 1200A 时，确定不饱和磁路最小截面积 S_{min} 为 44.87mm²。线圈中铁芯截面设计成正方形，从而确定励磁线圈正方形铁芯边长 $a \geqslant a_{min} = \sqrt{S_{min}} \approx 6.6985$mm。在实际加工中取励磁线圈铁芯边长 a 为 7mm(与磁极宽度相等)，则励磁回路中的铁芯最小截面积 S_{min} 为 35mm²。

如果考虑磁路部分的铁芯磁阻，则励磁回路的总磁阻等效于气隙总磁阻与铁芯磁阻相串联，即有

$$(R_m + R'_m)\phi_g = NI \tag{3-13}$$

式中，R'_m 为励磁回路中铁芯的总磁阻，可表示为

$$R'_m = \frac{1}{\Lambda'_m} = \frac{1}{\mu}\left(\frac{l_1}{S_1} + \frac{l_2}{2S_2} + \frac{l_3}{2S_3}\right) \tag{3-14}$$

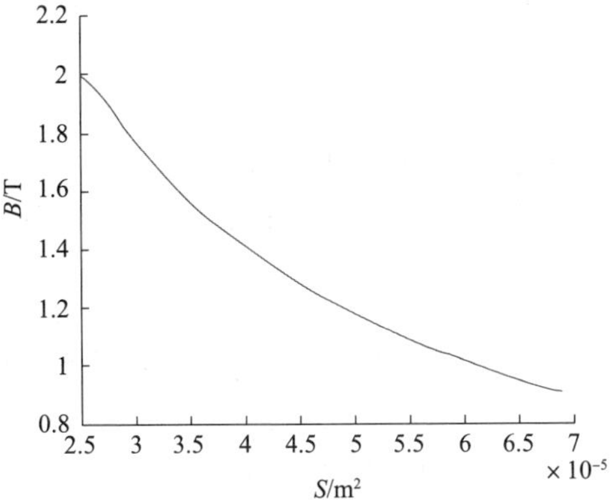

图 3-7　磁路截面积与回路中磁感应强度的关系

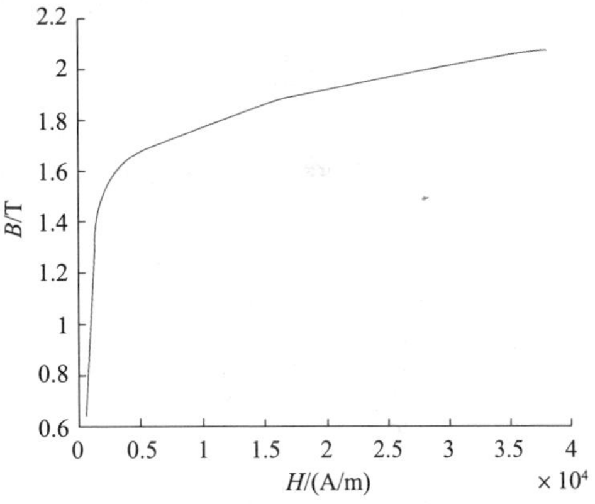

图 3-8　DT4 电工纯铁的 $B-H$ 磁化曲线

式中，l_1、l_2、l_3为铁芯各部分有效长度；S_1、S_2、S_3为铁芯各部分截面积；μ 为 DT4 电工纯铁的磁导率(非线性 $B-H$ 曲线)。将公式(3-14)代入公式(3-12)可得

$$S_{\min} = \frac{\mu NI}{\left[\mu R_m + \left(\frac{l_1}{S_1} + \frac{l_2}{2S_2} + \frac{l_3}{2S_3}\right)\right]B_{\max}} \tag{3-15}$$

由此可见，当磁感应强度最大值 $B_{\max}$ 固定不变时，励磁回路中铁芯磁阻R'_m增大，磁路总磁阻也随之变大，同时，不饱和磁路最小截面积 $S_{\min}$ 则减小。实际中，DT4 电工纯铁的铁芯磁阻 R'_m是非线性的，不利于计算，可将其忽略。分析结果表明：忽略励磁回路中的铁芯磁阻对不饱和磁路最小截面积计算影响不大。

3.2　电磁-图像型磨粒传感器励磁装置有限元分析

在电磁场基本理论基础上，建立了电磁-图像型磨粒传感器励磁装置的数学模型，通过有限元方法进行了求解计算。其目的有两个：一是分析励磁装置工作气隙区域的磁场特性，为电磁-图像型磨粒传感器中磨粒运动和沉积分布分析提供磁场特性数据；二是通过有限元分析方法验证上述励磁装置设计方法的有效性。

3.2.1 电磁－图像型磨粒传感器励磁装置的电磁场数学模型

电磁－图像型磨粒传感器励磁装置的数学模型如图3－9所示。

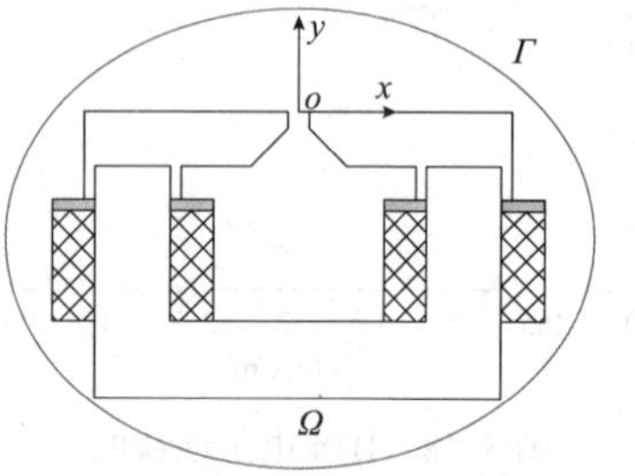

图3－9 电磁－图像型磨粒传感器励磁装置的电磁场数学模型

这个模型满足麦克斯韦方程组，其微分形式表达式为[141－144]

$$\nabla \times \boldsymbol{H} = \boldsymbol{J} + \frac{\partial \boldsymbol{D}}{\partial t} \tag{3-16}$$

$$\nabla \times \boldsymbol{E} = -\frac{\partial \boldsymbol{B}}{\partial t} \tag{3-17}$$

$$\nabla \cdot \boldsymbol{D} = \rho \tag{3-18}$$

$$\nabla \cdot \boldsymbol{B} = D \tag{3-19}$$

本构方程为

$$\boldsymbol{D} = \varepsilon \boldsymbol{E} \tag{3-20}$$

$$\boldsymbol{B} = \mu \boldsymbol{H} \tag{3-21}$$

$$\boldsymbol{J} = \sigma \boldsymbol{E} \tag{3-22}$$

式中，$\boldsymbol{H}$ 为磁场强度矢量，A/m；$\boldsymbol{B}$ 为磁通密度矢量，T；$\boldsymbol{E}$ 为电场强度矢量，V/m；$\boldsymbol{D}$ 为电位移矢量，C/m^2；$\boldsymbol{J}$ 为传导电流密度矢量，A/m^2；ρ 为自由电荷密度，C/m^3；D 为电位移标量；ε 为媒质的介电常数，F/m；μ 为媒质的磁导率，H/m；σ 为媒质的电导率，S/m。

由于电磁－图像型磨粒传感器励磁装置求解场域 Ω 内存在电流区(图3－9中阴影区表示通电线圈)，所以，使用矢量磁位 $\boldsymbol{A}$ 来描述此稳态磁场问题，比较有利于问题的求解。磁通密度矢量 $\boldsymbol{B}$ 和矢量磁位 $\boldsymbol{A}$ 之间的关系为

$$\boldsymbol{B} = \nabla \times \boldsymbol{A}\boldsymbol{J} = \sigma \boldsymbol{E} \tag{3-23}$$

在平面电磁场中，电流密度矢量 $\boldsymbol{J}$ 与矢量磁位 $\boldsymbol{A}$ 沿 x 轴方向，将矢量磁位 $\boldsymbol{A}$ 代入稳态磁场的基本方程中，得到描述电磁－图像型磨粒传感器励磁装置求解场域的泊松方程

$$\nabla^2 \boldsymbol{A}_x = -\mu \boldsymbol{J}_x \tag{3-24}$$

假设电磁－图像型磨粒传感器励磁装置求解场域包括的空气区域足够大，边界 Γ 上存在第一类边界条件

$$\Gamma:\ \boldsymbol{A}_x = 0 \tag{3-25}$$

综合式(3-24)和式(3-25)就得到描述电磁-图像型磨粒传感器励磁装置电磁场的数学模型。由于待求解区域存在形状不规则和非线性问题，通过解析方法进行模型求解是很困难的，所以，本书采用有限元方法来求解电磁-图像型磨粒传感器励磁装置的电磁场。

3.2.2 Ansys 分析电磁-图像型磨粒传感器励磁装置电磁场的参数设置

在忽略终端效应的前提下，电磁-图像型磨粒传感器励磁装置电磁场可以用二维模型来表示，本书选用商业软件 Ansys 进行这个二维电磁场的有限元分析计算[145-149]，计算中的参数设置如下：

(1)定义单元及材料

在二维静态磁场分析中常用的实体单元有 plane13 和 plane53，当不考虑耦合问题时，由于 plane53 单元能更好地模拟边值问题的非线性特性，所以，本书选用此单元来表示求解区域内部的铁芯区、导电区和空气区等区域。

励磁装置电磁场的二维有限元分析模型中需要定义空气、磁铁、线圈的材料属性：空气和线圈的磁特性是线性的，定义其相对磁导率 μ_r 为 1；采用 $B-H$ 曲线的方式来定义由 DT4 电工纯铁制作的磁铁材料属性。

(2)进行几何建模及网格剖分

按照设计尺寸，在 Ansys 环境中通过 GUI 方式进行电磁-图像型磨粒传感器励磁装置的几何建模。与其他区域相比，磁极工作气隙上方的磁场计算精度要求较高，所以，进行网格划分时对此区域进行了细化，网格单元边长设置为 0.2mm，如图 3-10 所示。电磁-图像型磨粒传感器励磁装置模型包括 2921 个单元。

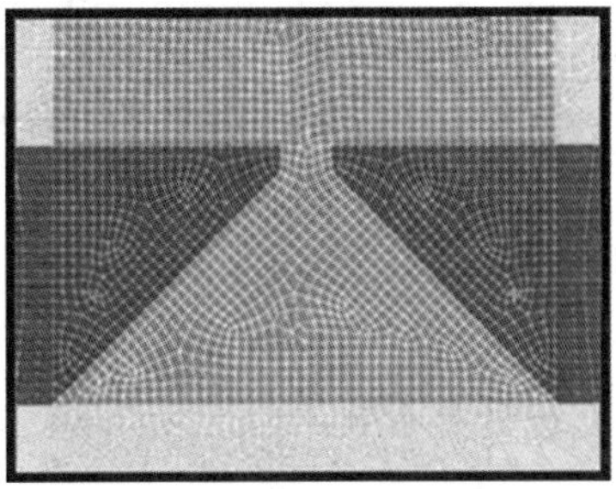
图 3-10 工作气隙处的网格划分

(3)定义边界、施加载荷以及求解

在边界 Γ 上施加磁力线平行条件，将 x 方向电流密度载荷 J_x 施加在电流区，则有

$$\boldsymbol{J}_x = \frac{NI}{S} \tag{3-26}$$

式中，S 为通电线圈的横截面积，m^2。

电磁-图像型磨粒传感器每一个线圈区域的电流密度值为 $2.02 \times 106 A/m^2$，

其中与 x 轴同向的电流密度定义为正。Ansys 提供了两种直接求解器：波前求解器和系数矩阵求解器，同时还提供了三个迭代求解器：PCG、JCG 和 ICCG。由于，电磁 – 图像型磨粒传感器励磁装置二维静态磁场模型分析采用的是磁矢势法，且自由度的数目较少，所以，采用波前求解器进行求解。工作气隙上方的磁场分布决定了铁磁性磨粒在电磁 – 图像型磨粒传感器中的受力情况，为了保证对通过磁极上方的磨粒具有良好采集能力，励磁装置必须在流道采集区域内产生高梯度的磁场。由于流道下底面采用玻璃进行密封，油流的底层与磁极上表面之间存在一定距离，在加工时取为 1mm。所以磁极表面上方 1mm 以上空气区域中的磁场分布情况在很大程度上决定了电磁 – 图像型磨粒传感器的性能，该传感器励磁装置电磁场分析结果如图 3 – 11 所示。由图可见，磁场装置两个磁极之间气隙区域的磁感应强度范围在 0.4 ~ 0.64T，磁极气隙中心具有最大磁感应强度，实现了磁极气隙区域的高梯度磁场分布。

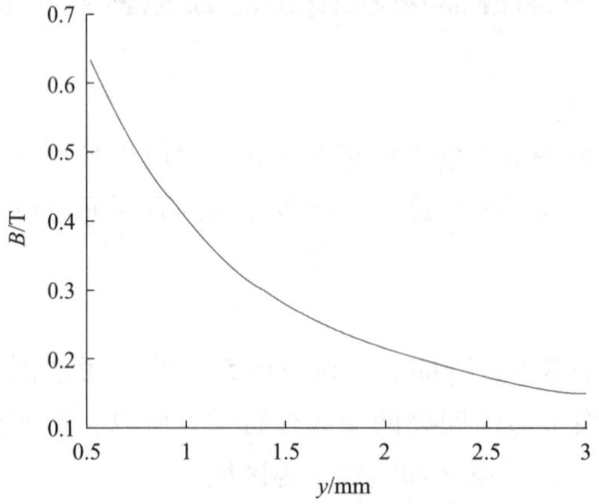

图 3 – 11 电磁 – 图像型磨粒传感器励磁装置磁感应强度分布

另外，在 Ansys 后处理程序中计算出 1200A 磁势下，通过有限元方法计算出电磁 – 图像型磨粒传感器励磁回路中磁通量为 6.22×10^{-5} Wb，使用磁路方法得到的计算结果为 6.03×10^{-5} Wb，相差 3.05%。上述数值比较结果表明：通过磁场分割方法求得的磁极气隙处的磁阻计算公式是准确的，使用磁路方法进行励磁回路设计是有效的。

3.3 电磁 – 图像型磨粒传感器流道底面上磨粒沉积特性分析

参考文献[93]的优化参数，图 2 – 21(a) 中电磁 – 图像型磨粒传感器流道内的油腔宽度和高度分别取值为 5mm 和 1mm。本书首先建立了单个沉积磨粒在流道底面上的受力模型，分析了油液流速、工作磁场与磨粒受力平衡状态之间的关系，求出固定某粒度单个磨粒需要满足的油液流量和磁场条件，并分析了电磁－图像型磨粒传感器的工作原理；根据磁场中两磨粒之间的相互作用关系，讨论了不同位置磨粒间引力和斥力的变化情况，对磨粒链形成机理以及磨粒链之间的作用力进行了分析。

3.3.1 单个沉积磨粒在电磁－图像型磨粒传感器流道底面上的受力模型

进行磨粒的运动分析时，做如下假设[150]：(1)油样中所含的磨粒近似简化为球形；(2)油样是牛顿流体；(3)磨粒浓度较低，均匀地悬浮在油样液体中，磨粒的存在不会影响油液的黏度和流动特性；(4)油液分子的布朗运动对磨粒运动的影响忽略不计。

设流道中油液沿 z 轴方向流动，在上述假设条件下，位于磁极中间流道底面上的静止沉积磨粒的受力分析如图 3－12 所示，分别为：$\boldsymbol{F}_{\mathrm{d}}$ 是流动油液对磨粒的冲刷作用力，称作曳力；$\boldsymbol{F}_{\mathrm{f}}$ 是流道底面对磨粒作用的静摩擦；$\boldsymbol{F}_{\mathrm{m}}$ 是磁极对磨粒的吸附力；$\boldsymbol{G}$ 是磨粒所受的重力；$\boldsymbol{N}$ 是流道底面对磨粒的支持力；$\boldsymbol{F}_{\mathrm{l}}$ 是磨粒所受的浮力。

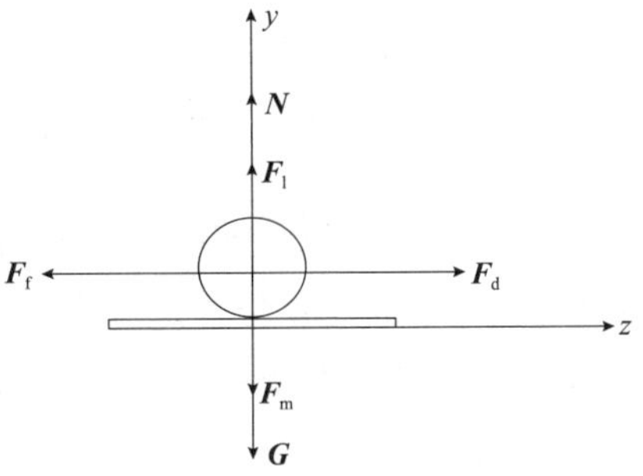

图 3－12　流道底面上单个沉积磨粒的受力分析

如果要保持沉积到流道底面的磨粒不被油液冲走，即在油流方向处于平衡状态，受力模型应该满足以下的方程

$$\begin{cases}\boldsymbol{G}+\boldsymbol{F}_{\mathrm{m}}=\boldsymbol{N}+\boldsymbol{F}_{\mathrm{l}}\\ \boldsymbol{F}_{\mathrm{f}}=\boldsymbol{F}_{\mathrm{d}}\end{cases} \tag{3-27}$$

且

$$\begin{cases}\boldsymbol{F}_{\mathrm{m}}=\dfrac{\chi_{\mathrm{m}}V}{\mu_0}\left(B_z\dfrac{\partial B_y}{\partial z}+B_y\dfrac{\partial B_y}{\partial y}\right)=\dfrac{\chi_{\mathrm{m}}V}{\mu_0}\vec{B}\cdot\nabla B_y\\ \boldsymbol{F}_{\mathrm{f}}\leqslant N\mu_{\max}\\ \boldsymbol{G}=\dfrac{\pi D^3 g}{6}\rho_{\mathrm{p}}\\ \boldsymbol{F}_{\mathrm{l}}=\dfrac{\pi D^3 g}{6}\rho_{\mathrm{l}}\end{cases} \tag{3-28}$$

式中，$\mu_{\max}$为磨粒与流道底面之间的最大静摩擦系数；V为磨粒的体积，m^3；χ_m为铁磁性磨粒的单位体积磁化率；B为空间磁场中的磁感应强度，T；μ_0为真空磁导率，$\mu_0=4\pi\times10^{-7}$ H/m。静止磨粒不被油液冲走应该满足的受力条件为

$$\boldsymbol{F}_{\mathrm{d}}\leqslant\mu_{\max}\left(\frac{\chi_m V}{\mu_0}\vec{B}\cdot\nabla B_y+\boldsymbol{G}-\boldsymbol{F}_1\right) \tag{3-29}$$

忽略磨粒受到的重力$\boldsymbol{G}$和浮力$\boldsymbol{F}_1$，磨粒处于平衡状态的条件可以简化为

$$\boldsymbol{F}_{\mathrm{d}}\leqslant\mu_{\max}\frac{\chi_m V}{\mu_0}\vec{B}\cdot\nabla B_y \tag{3-30}$$

3.3.2 单个沉积磨粒的最小粒度与流速和工作磁场的关系

(1)曳力$\boldsymbol{F}_{\mathrm{d}}$计算

上述受力模型中$\boldsymbol{F}_{\mathrm{m}}$与第3章中的定义相同，曳力$\boldsymbol{F}_{\mathrm{d}}$为油液对静止磨粒的冲刷作用力，力的大小定义为[151]

$$\boldsymbol{F}_{\mathrm{d}}=\frac{1}{2}\xi A_{\mathrm{p}}\rho_1 u^2 \tag{3-31}$$

式中，A_{p}为磨粒在油液流动方向上的投影面积，m^2；ξ为曳力系数；ρ_1为油液的密度，kg/m^3；u为磨粒与油液之间的相对速度，m/s。曳力系数ξ的大小取决于磨粒运动雷诺数Re_{p}，磨粒运动雷诺数Re_{p}的定义为

$$Re_{\mathrm{p}}=\frac{D\rho_1 u}{\eta} \tag{3-32}$$

式中，D为磨粒直径，m；η为油液的动力黏度，Pa·s。与第3章中计算油液雷诺数类似，可以计算出电磁－图像型磨粒传感器中磨粒运动雷诺数Re_{p}的极大值远小于1，油液对磨粒的曳力作用主要由表面曳力决定，即在磨粒所在区域不存在大量流体质点碰撞。在这种条件下，曳力系数ξ可以使用下面公式进行计算[152,153]

$$\xi=\frac{24}{Re_{\mathrm{p}}}=\frac{24\eta}{D\rho_1 u} \tag{3-33}$$

所以，磨粒受到的曳力大小可以表示为

$$\boldsymbol{F}_{\mathrm{d}}=\frac{1}{2}\xi A_{\mathrm{p}}\rho_1 u^2=\frac{1}{2}\frac{24\eta}{D\rho_1 u}\frac{\pi D^2}{4}\rho_1 u^2=3\pi\eta D u \tag{3-34}$$

从式(3－34)可以发现，随着流速的增大，静止在流道底面上的沉积磨粒受到的曳力也增大，即油液对磨粒的冲刷作用越明显，在油流方向上保持磨粒的受力平衡会越困难。

(2)流量、工作磁场与采集单个磨粒最小粒度的关系

将式(3-34)代入式(3-30)中得

$$\boldsymbol{F}_{\mathrm{d}}=3\pi\eta Du\leqslant\mu_{\max}\frac{\chi_{\mathrm{m}}V}{\mu_0}\vec{B}\cdot\nabla B_y \tag{3-35}$$

即

$$\mu\leqslant\frac{\mu_{\max}\frac{\chi_{\mathrm{m}}V}{\mu_0}\vec{B}\cdot\nabla B_y}{3\pi\eta D}=\frac{D^2\chi_m\mu_{\max}\vec{B}\cdot\nabla B_y}{18\eta\mu_0} \tag{3-36}$$

为了便于公式(3-36)的使用，下面给出流量 Q 与待采集单个磨粒粒度的关系。由第3章的讨论可以得到，在流道底面上，直径为 D 的磨粒所处位置的平均流速 u 为

$$u=\frac{3QD(2h-D)}{2bh^3} \tag{3-37}$$

式中，b 与 h 分别为流道的宽度与高度，做进一步变换得到

$$Q=\frac{2bh^2h}{3D\left(2-\frac{D}{h}\right)} \tag{3-38}$$

因为 $D\ll h$，所以上式可以简化为

$$Q\approx\frac{bh^2u}{3D} \tag{3-39}$$

综合式(3-36)和式(3-39)，得出保持直径为 D 的沉积磨粒处于平衡状态时，流道中的流量范围是

$$Q\leqslant Q_{\max} \tag{3-40}$$

式中

$$Q_{\max}=\frac{bh2D\chi_{\mathrm{m}}\mu_{\max}\vec{B}\cdot\nabla B_y}{54\eta\mu_0} \tag{3-41}$$

这个分析结果说明：

(1)在磁场一定的条件下，如果需要采集最小直径为 D 的单个沉积磨粒，电磁-图像型磨粒传感器的油液流量存在一个极大值 $Q_{\max}$。

如果超过这个流量，在油液对磨粒的冲刷作用下，沉积磨粒在流道底面上就不能保持平衡状态而随油液一起被冲走。

(2)在磁场一定的条件下，电磁-图像型磨粒传感器的最大流量 $Q_{\max}$ 与需要采集的最小单个磨粒直径 D 成正比。

这说明固定小磨粒的最大流量小于固定大磨粒时的最大流量，即随着流量的

升高，小磨粒首先不能保持平衡状态而被油液冲走，大磨粒仍然能够保持平衡状态固定在流道底面上。所以，在磁场一定的情况下，随着油液流量的升高，流道底面上的单个沉积磨粒粒度会逐渐增大。

(3)可以通过两种途径控制流道底面上单个沉积磨粒的粒度范围。

一是磁场不变的情况下，改变电磁－图像型磨粒传感器中的油液流量，即改变油流方向上的曳力 $\boldsymbol{F}_d$；二是在流量不变的条件下，改变沉积区域的磁场，其实质是通过改变磨粒受到的吸附力 $\boldsymbol{F}_m$，来改变油流方向上可以提供的最大静摩擦力 $\boldsymbol{F}_f$。

(4)在磁场和流量一定的条件下，流道底面上单个磨粒的最小直径 D 与油液的黏度成正比。

这说明即使电磁－图像型磨粒传感器工作在相同的磁场和流量参数下，在流道底面上沉积的磨粒粒度范围也会随着油液黏度的变化而变化，所以对于不同应用场合，应该根据油液黏度的变化合理选择电磁－图像型磨粒传感器的工作参数。

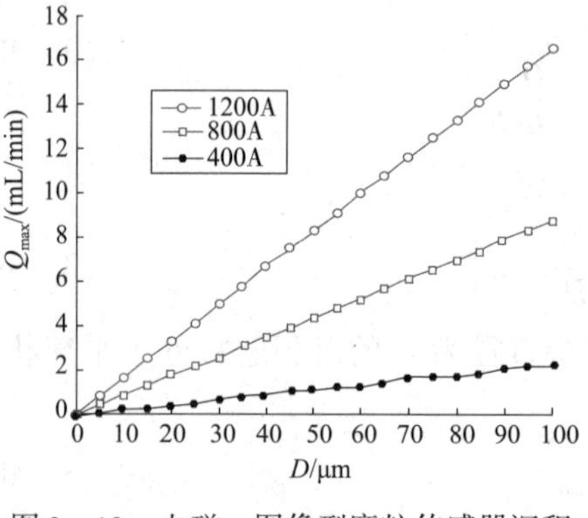

图 3－13　电磁－图像型磨粒传感器沉积不同粒度磨粒时的最大流量

图 3－13 给出了在磁动势为 400～1200A、$b=5$mm、$h=1$mm、$\mu_{max}=0.3$、$\eta=0.10$Pa・s、工作气隙为 1mm 条件下，电磁－图像型磨粒传感器沉积不同粒度铁磁性磨粒时的最大流量值。

计算结果说明：在 1200A 磁场工作条件下，为了实现最小粒度为 10μm 的单个磨粒采集，电磁－图像型磨粒传感器中的工作流量不能超过 2mL/min；当需要采集最小粒度为 60μm 的单个磨粒时，工作流量不能超过 10mL/min。目前商用分析铁谱仪器中的流量为 0.5mL/min，原因就是采用低流速保证更小磨粒的有效沉积和固定。

3.4　电磁－图像型磨粒传感器工作原理分析

3.4.1　磨粒沉积原理与采集方法

电磁－图像型磨粒传感器的电磁铁在磁极气隙上方空间产生沉积磨粒的高梯

度、高磁感应强度磁场；流道位于磁极的正上方，当带有磨损磨粒的油液通过流道时，在空间磁场作用下，实现磨粒在流道底面上沉积；在磁极气隙正上方的流道中安装有磨粒图像采集模块，对沉积在流道底面上的磨粒图像进行采集，并经过电路板上的USB端口进行磨粒图像传输，得到数字化的铁谱图像。

油液沿磁极气隙中磁场方向流动，根据3.3中的电磁场分析计算结果，得到1200A励磁条件下流道沉积表面油流方向上磁感应强度B的分布，其大小如图3-14所示。

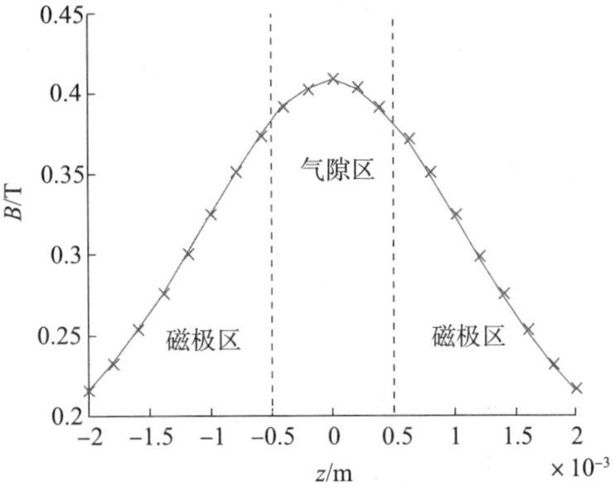

图3-14　流道沉积表面上B的大小

计算结果表明：整个油腔中磁极气隙处的磁场最强，当油液进入流道后沿z轴方向流动，磨粒主要沉积在这个1mm长度的区域内。所以，通过油液流动方向的改变，可以实现磨粒在短距离内沉积，只需要在沉积区域上方安装一个CMOS图像传感器就可以完成磨粒的图像采集，不需要磁极具有大的长度(x方向)，可以最大可能减小电磁-图像型磨粒传感器的结构尺寸。

电磁-图像型磨粒传感器的主要功能之一就是能够实现大、小磨粒的采集，通过3.3.2中的分析可以发现，流道底面上沉积磨粒的粒度范围与电磁-图像型磨粒传感器的工作参数有关，由式(3-40)可以得到以下的表达式

$$D \geqslant \frac{54\eta\mu_0 Q}{bh^2\chi_m\mu_{max}\vec{B}\cdot\nabla B_y} = D_{min} \qquad (3-42)$$

推导结果说明，电磁-图像型磨粒传感器能够采集到的最小磨粒直径D_{min}与油液流量、黏度成正比，与气隙处的磁感应强度成反比，特别是对于确定的油液应用而言，可以认为黏度为常数，在这种条件下，电磁-图像型磨粒传感器采集到的磨粒最小粒度D_{min}是磁场安匝数AN和流量Q的函数，即

$$D_{min} = f(AN,\ Q) \qquad (3-43)$$

所以通过合理的控制磁场安匝数AN和流量Q，电磁-图像型磨粒传感器就可以分别实现大磨粒和小磨粒的采集。如图3-15所示，以磁动势AN和流量Q为

图3-15　电磁-图像型磨粒传感器参数调节空间

变量，将电磁－图像型磨粒传感器的参数调节空间分成四部分，当采集小磨粒时，磨粒传感器工作在低流量和高励磁状态下；当采集大磨粒时，磨粒传感器工作在高流量和弱磁场状态下。

这种通过调节磁场安匝数和流量实现大、小磨粒采集的方法非常有利于设备磨损状态的判断。研究表明：油液中磨粒主要以小磨粒为主，其浓度信息反映了被监测设备磨损的严重程度；油液中的大磨粒数量很少，但是却与设备磨损的机理和具体部位有直接对应关系。所以，当电磁－图像型磨粒传感器工作在小磨粒采集状态时，将油液中大部分磨粒沉积在监测区域内，沉积磨粒主要以小粒度磨粒为主，可以通过小磨粒整体的浓度信息判断出设备的磨损严重程度；当电磁－图像型磨粒传感器进行大磨粒采集时，在监测区域内的沉积磨粒主要以大磨粒为主，由于数量少，可以采集到单个大磨粒，而且大部分小磨粒不会沉积，减小了进行大磨粒特征提取时背景噪声干扰的影响，有利于单个大磨粒的识别。

3.4.2 磁场中磨粒之间相互作用力分析

经典电磁学理论认为，铁磁性磨粒内部有许多自发磁化而形成的磁畴。无外磁场作用时，在同一磁畴内各原子磁矩的排列方向一致，不同磁畴的磁矩方向杂乱无章，铁磁性磨粒的总磁矩为零，宏观上对外不显磁性；在有外磁场作用时，各磁畴的磁化强度矢量都转向外磁场方向有序排列，使铁磁性磨粒总磁化强度不为零，直至达到饱和。一个铁磁性磨粒具有两个异性磁极，在远区产生的磁场具有偶极子场特征，而两个异性磁极的出现，正是磨粒内分子电流作用的结果。所以，在磁场中被磁化的铁磁性磨粒可以用一个圆电流模型等效。如图 3－16 所示，在外磁场 B 中，磁矩为 m_1 的铁磁性磨粒在距离 r 处产生的磁势 $\boldsymbol{A}$ 为[154－161]

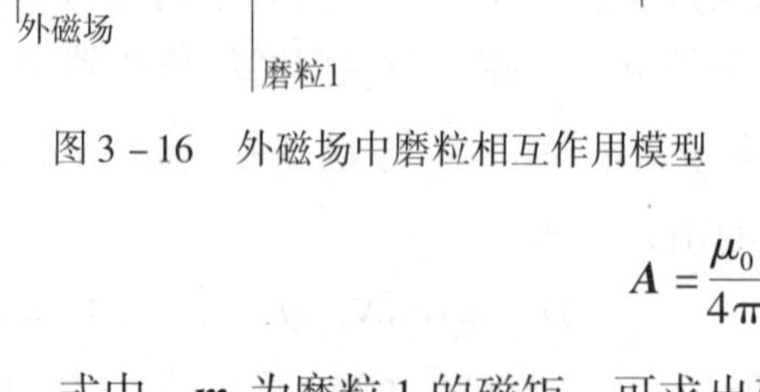

图 3－16　外磁场中磨粒相互作用模型

$$\boldsymbol{A} = \frac{\mu_0}{4\pi}\boldsymbol{m}_1 \times \frac{\boldsymbol{r}}{\boldsymbol{r}^3} \tag{3-44}$$

式中，$\boldsymbol{m}_1$ 为磨粒 1 的磁矩。可求出磁矩为 $\boldsymbol{m}_1$ 的磁偶极子在距离 $\boldsymbol{r}$ 处磁感应强度 $\boldsymbol{B}_{1r}$ 为

$$\boldsymbol{B}_{1r} = \nabla \times \boldsymbol{A} = \frac{\mu_0}{4\pi}\nabla \times \left(\frac{\boldsymbol{m}_1 \times \boldsymbol{r}}{\boldsymbol{r}^3}\right) = \frac{\mu_0}{4\pi r^3}\left[\frac{3(\boldsymbol{m}_1 \cdot \boldsymbol{r})}{\boldsymbol{r}^2}\boldsymbol{r} - \boldsymbol{m}_1\right] \tag{3-45}$$

假设有另一磁矩为 $\boldsymbol{m}_2$ 的磨粒 2 处在 $\boldsymbol{m}_1$ 产生的外磁场中，且在 $\boldsymbol{r}$ 处，则它们的磁位能 $\boldsymbol{W}_{\mathrm{m}}$ 为[158,159]

$$\boldsymbol{W}_{\mathrm{m}} = -\boldsymbol{m}_2 \cdot \boldsymbol{B}_{1r} = -\frac{\mu_0}{4\pi \boldsymbol{r}^3}[3(\boldsymbol{m}_1 \cdot \boldsymbol{r}_0)(\boldsymbol{m}_2 \cdot \boldsymbol{r}_0) - \boldsymbol{m}_1 \cdot \boldsymbol{m}_2] \quad (3-46)$$

式中，$\boldsymbol{r}_0$ 是 $\boldsymbol{r}$ 方向上的单位矢量。根据虚位移原理，可以求出磨粒 2 在磨粒 1 产生的外磁场中的受力大小为

$$\boldsymbol{F} = -\frac{\mathrm{d}\boldsymbol{W}_{\mathrm{m}}}{\mathrm{d}r} = -\frac{3\mu_0}{4\pi \boldsymbol{r}^4}[3(\boldsymbol{m}_1 \cdot \boldsymbol{r}_0)(\boldsymbol{m}_2 \cdot \boldsymbol{r}_0) - \boldsymbol{m}_1 \cdot \boldsymbol{m}_2] \quad (3-47)$$

式(3-47)说明，随着矢量 $\boldsymbol{r}$ 与磁偶极矩方向间夹角 φ 的变化，两个铁磁性磨粒之间的作用力也将发生变化，因为

$$3(\boldsymbol{m}_1 \cdot \boldsymbol{r}_0)(\boldsymbol{m}_2 \cdot \boldsymbol{r}_0) = 3\boldsymbol{m}_1\boldsymbol{m}_2\cos^2\varphi \quad (3-48)$$

得到 $\boldsymbol{F}$ 的表达式为

$$\boldsymbol{F} = -\frac{3\mu_0}{4\pi \boldsymbol{r}^4}(3\boldsymbol{m}_1\boldsymbol{m}_2\cos^2\varphi - \boldsymbol{m}_1\boldsymbol{m}_2) \quad (3-49)$$

图 3-17 给出了 $\boldsymbol{F}$ 与 φ 之间的关系。

从图 3-17 中得到：当 $\varphi \in [0.00°, 54.74°] \cup (125.26°, 180.00°)$ 时，两个磁矩方向相同磨粒之间的作用力为吸引力，在其他位置时，两个磨粒之间的作用力为排斥力。且当 $\varphi = 0.00°$ 和 180.00°时磨粒之间具有最大的吸引静磁势能和吸引力

$$\boldsymbol{W}_{\mathrm{m}} = -\frac{3\mu_0\boldsymbol{m}_1\boldsymbol{m}_2}{2\pi \boldsymbol{r}^3} \quad (3-50)$$

$$\boldsymbol{F} = -\frac{3\mu_0\boldsymbol{m}_1\boldsymbol{m}_2}{2\pi \boldsymbol{r}^4} \quad (3-51)$$

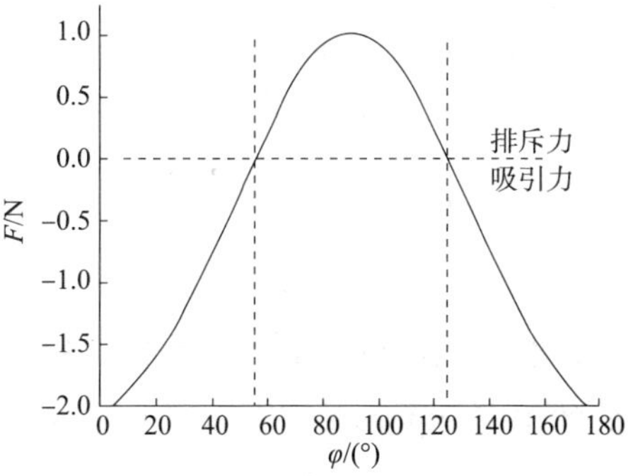

图 3-17　磨粒之间作用力与相对位置之间的关系

当 $\varphi = 90°$ 时，两磨粒之间具有最大的相斥静磁势能和斥力

$$\boldsymbol{W}_{\mathrm{m}} = \frac{\mu_0\boldsymbol{m}_1\boldsymbol{m}_2}{2\pi \boldsymbol{r}^3} \quad (3-52)$$

$$\boldsymbol{F} = \frac{3\mu_0\boldsymbol{m}_1\boldsymbol{m}_2}{4\pi \boldsymbol{r}^4} \quad (3-53)$$

从上面的讨论可以得出：如图 3-18所示，在外磁场作用下，当磨粒之间的位置处于引力区时，磨粒就会相互吸引而首尾相接，形成链状分布；当磨粒之间

的位置处于斥力区时，磨粒之间会互相排斥，不会产生聚集现象。而引力区的范围比斥力区高出 55.11%，所以，磨粒之间相互吸引的概率要高于相斥的概率。

同时，也应该注意到处于吸引区位置的两个磨粒并不一定都能够吸引到一起，从式(3－50)和式(3－51)的分析得到，磨粒之间的作用力和静势能随着磨粒之间的距离增大而减小，图 3－19 和图 3－20 分别给出了在$\boldsymbol{B}=1\mathrm{T}$ 的外磁场中，两个直径为 20μm 的磨粒，在夹角 $\varphi=0.00°$时，磨粒之间的吸引力和静态磁势能与二者之间距离 r 的关系。

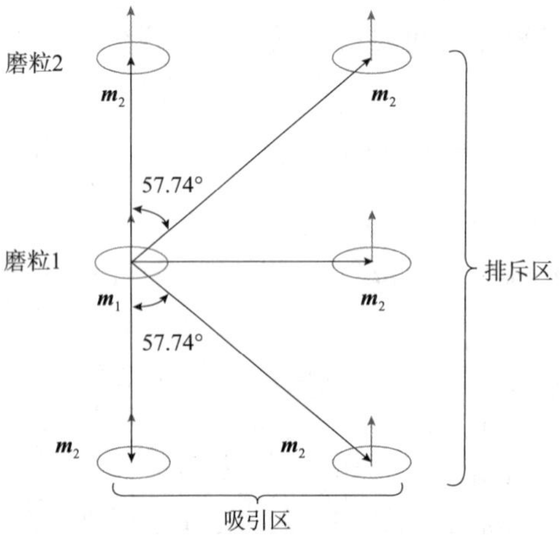

图 3－18　磨粒之间作用的引力区与斥力区

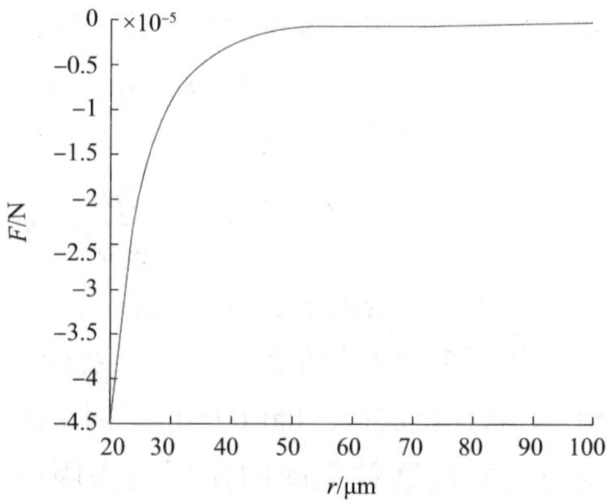

图 3－19　吸引力与磨粒之间距离变化的关系

如图 3－19 和图 3－20 所示，当磨粒之间的距离超过其半径的 6 倍时，磨粒之间的作用力和静态势能接近零，即可以认为磨粒之间的作用力对磨粒的排列没有影响。当大量磨粒在引力作用下进行首尾连接组成多条链状排列以后，每一条磨粒链也可以用圆电流模型等效，其磁矩等于组成这条磨粒链的所有磨粒磁矩的和，如图 3－21 所示。

那么，两条对等磨粒链之间的作用可以简化为外磁场中两个电流环之间的作用，通过上面分析得到，这两个电流环与外磁场的夹角 $\varphi=90°$，所以，二者之间的作用力为斥力，即在外磁场中两条对等磨粒链之间是互相排斥的。正是这种磨粒链之间斥力的存在，才导致磨粒链在电磁－图像型磨粒传感器流道底面上均匀排列。但是如果两条磨粒链不是处于对等位置，按照上面的分析，当满足 $\varphi\in[0.00°, 54.74°]\cup(125.26°, 180.00°)$时，磨粒链之间也会相互吸引。

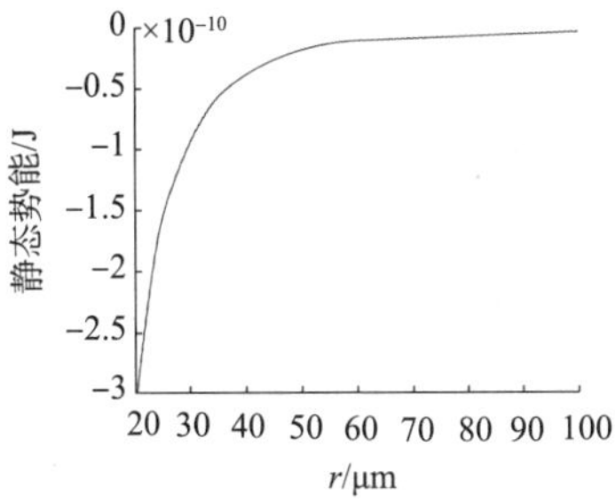

图 3-20 静态势能与磨粒之间距离变化的关系

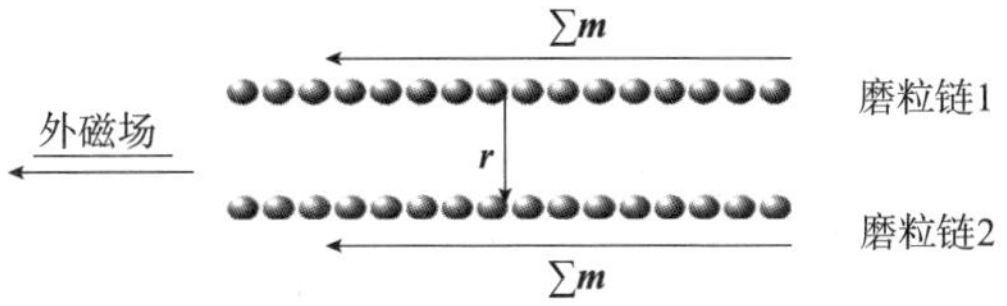

图 3-21 外磁场中对等磨粒链之间的作用模型

3.5 本章小结

通过磁场分割法求得电磁-图像型磨粒传感器励磁回路的磁阻解析表达，根据磁路欧姆定律得到磁路不饱和条件下的磁路最小横截面积，以此为基础，设计了电磁-图像型磨粒传感器的励磁回路，采用有限元分析验证了可行性。对流道底面上沉积磨粒的受力进行建模和分析，得到了油液流量、磁场励磁强度与磨粒受力平衡状态之间的关系，得到了固定某粒度单个磨粒时需要满足的流量和磁场条件，分析了电磁-图像型磨粒传感器的工作原理，油液在流道中沿磁极气隙处磁场方向流动，磨粒在磁极气隙上方短距离内实现沉积，通过油液流量和磁场的调节，在流道沉积底面同一位置实现大、小磨粒的分别采集；根据磁场中两磨粒之间的相互作用关系，定性解释了磨粒链成链机理。通过上述研究内容得到如下结论：

(1) 通过对磁极气隙处不规则形状区域磁路的分析和求解，提高了电磁-图像型磨粒传感器励磁回路磁阻解析表达式的精度，根据磁路欧姆定律得到了磁路不饱和条件下的磁路最小横截面积。

(2) 设计了电磁-图像型磨粒传感器的励磁回路，在 1200A 条件下，该传感器励磁回路的最小截面积为 $60mm^2$，通过有限元方法分析了电磁-图像型磨粒传感器工作气隙处的高梯度磁场，验证了磁路设计方法的准确性。

(3) 通过对磨粒在流道沉积表面上受力模型的分析，得到了油液流量、气隙处磁感应强度与磨粒受力平衡状态的关系；讨论了磁场一定条件下电磁-图像型磨粒传感器的工作流量问题，得到 1200A 磁场和 0.10Pa·s 动力黏度条件下，固定最小粒度为 10μm 的单个磨粒时电磁-图像型磨粒传感器中的最大油液流量为

2mL/min。

(4)分析了电磁－图像型磨粒传感器的工作原理，油液在流道中沿磁极气隙处磁场方向流动，磨粒在磁极气隙上方短距离内实现沉积，通过油液流量和磁场参数的调节，在流道沉积底面同一位置实现大、小磨粒的分别采集。

(5)根据磁场中两磨粒之间的相互作用关系，讨论了不同位置磨粒间作用力的变化，分析了电磁－图像型磨粒传感器中磨粒成链机理以及磨粒链之间的作用力。

4 电磁 - 图像型磨粒传感器的实现与光学显微特性分析研究

第 2 章内容建立了嵌入式显微成像系统等效光路模型，确定了基于单板机镜头的工业型在线原位磨粒监测显微成像机构的光学设计参数；提出了显微成像用单板机镜头选取方法，开发了提高显微成像照明均匀性的环形 LED 阵列反射光源，设计了光学倍率可调的嵌入式显微成像系统。第 3 章内容分析计算了电磁 - 图像型磨粒传感器励磁回路的磁阻，确定了磁路不饱和状态下的磁路最小横截面积，设计了小型化励磁回路结构，分析了磨粒沉积规律。结合嵌入式显微成像系统与高梯度励磁装置提出了电磁 - 图像型磨粒传感器，其突出特点在于采用反射光成像方式可增大磨粒显微成像的视场范围，具备获取磨粒表面形貌及颜色特征的潜能。基于平行平板的成像特性分析了传感器流道内油层与石英窗对光路总长度的影响，确定了油腔的石英窗厚度。

像面照度均匀性是决定光电系统成像质量的重要因素[162]，第 2 章中设计的环形 LED 阵列反射光源通过照度叠加实现了磨粒沉积区均匀照明，但无法确定像面均匀性是否满足电磁 - 图像型磨粒传感器显微成像要求。所以，基于朗伯余弦理论建立了像面照度分布模型，分析了光学放大倍率对像面照度均匀性的影响，以及油液衰减系数对 CMOS 像面照度大小的影响，仿真计算了电磁 - 图像型磨粒传感器显微成像的像面不均匀度，实际测试像面均匀性，检验仿真结果是否正确。为了评估电磁 - 图像型磨粒传感器磨粒显微成像特性，本书提出了基于光散射理论的磨粒显微成像反射光辐照度模型，仿真计算确定了电磁 - 图像型磨粒传感器显微成像系统的光学倍率，以及实现磨粒监测的油液衰减系数取值范围，并分析评估了电磁 - 图像型磨粒传感器磨粒显微成像特性。实验测试检验了该磨粒传感器在实际应用中的反射光显微成像效果是否满足在线监测要求。

4.1 电磁-图像型磨粒传感器设计与分析

4.1.1 传感器结构原理

电磁-图像型磨粒传感器的结构原理如图4-1所示，CMOS传感器通过像距调节机构固定在显微镜头上方，显微镜头与LED反射光源通过物距调焦机构嵌入流道内部，调节成像系统物距和像距可改变放大倍率。流道的底部固定上石英窗和下石英窗，图4-1中下石英窗作为磨粒沉积面，上石英窗与下石英窗之间的密封间隙构成油腔，环形LED阵列反射光源被固定于油腔正上方，可在磨粒沉积面产生近似均匀照明[163]。由磁极、铁芯和电磁线圈组成的高梯度磁场装置固定在流道的正下方，用于产生磁场力将铁磁性磨粒沉积于磨粒沉积面上；流道与磁极之间嵌入光学扩散膜，作为磨粒谱片的背景。LED平面光源作为透射光源，被固定在磁极间隙的下方，用于透射光磨粒谱片获取。光学扩散膜具有半透半反功能，透射光下，光线可依次透过光学扩散膜、下石英窗、油层和上石英窗，磨粒可通过显微镜头成像于CMOS像面，形成透射光谱片；反射光下，光线首先透过上石英窗、油液和下石英窗，经光学扩散膜反射之后，二次反射光依次透过上述部件，磨粒即可通过显微镜头成像于CMOS像面，形成反射光谱片。

电磁-图像型磨粒传感器突出特点在于采用反射光成像方式获取磨粒图像信息，可避免磁极对光线的遮挡，与透射光成像相比，可获得的显微成像视场范围更大，并且反射光下能够观测到大磨粒的形貌及颜色信息，获取更多磨粒特征信息反映磨损变化、分析磨损机理以及判断磨损类型。透射光需透过油层才能实现磨粒遮光成像，为降低油层的光能量损耗，提高透射光谱片中磨粒图像与背景的图像对比度，本设计采用主波长为580nm的单色黄光作为透射光。磨粒沉积面与LED反射光源之间存在油层，大量实验表明采用主波长为500nm的白光作为反射光不仅可辨识磨粒表面颜色特征，而且能够提高反射光谱片的图像清晰度。电磁-图像型磨粒传感器的光学倍率调节方法具体为：在下石英窗固定之前，将光学微标尺放置于下石英窗位置，点亮LED反射光源，无油状态下分别调节像距和物距调焦机构，使光学放大倍率达到设定值；通油之后，油腔内介质折射率发生变化，原焦平面产生像面离焦，图像变模糊，这时像距保持不变，仅需调节物距至像面重新对焦，即可实现固定光学倍率的显微成像。

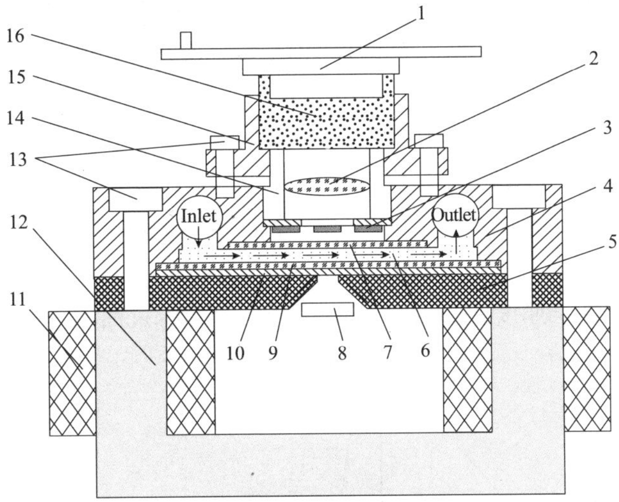

(a)2D结构图

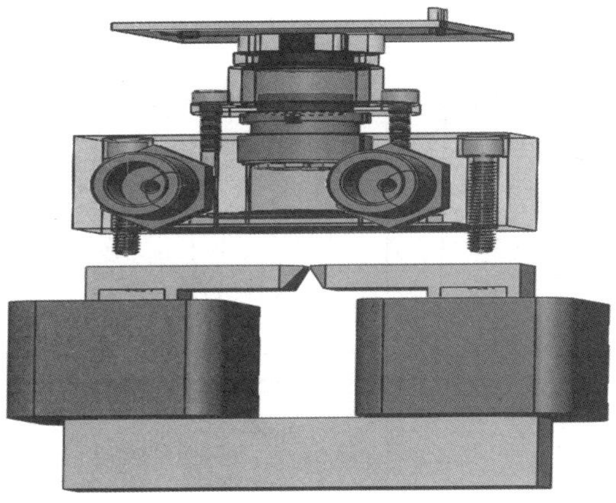

(b)3D装配体

图 4－1　电磁－图像型磨粒传感器

1—CMOS 传感器；2—显微镜头；3—LED 反射光源；4—流道；5—磁极；6—油腔；7—上石英窗；8—LED 透射光源；9—下石英窗；10—光学扩散膜；11—电磁线圈；12—铁芯；13—螺钉；14—物距调焦机构；15—调焦辅助机构；16—像距调节机构

4.1.2　传感器光路分析

如图 4－1 所示，油液中的磨粒在高梯度磁场力作用下有序沉积于下石英窗气隙位置，显微镜头与沉积磨粒之间存在石英玻片和油层，由于它们的折射率与空气介质存在差异，导致反射光在石英玻片与空气界面发生折射

(图4-2)，造成CMOS像面的对焦图像产生轴向偏移而变模糊，成像系统光路总长度增大。假设磨粒沉积面的光线出射角为θ，光线经油层、上石英窗进入空气介质，与法线方向的夹角为ω，石英玻片(JSG2)与基础油液折射率相近，忽略差异，两者折射率统一表示为n_{oil}。那么，油层与上石英窗引起的光路偏移量Δl可表示为

$$\Delta l=(c_1+c_2)\left(1-\frac{\sqrt{n_{air}^2-n_{oil}^2\sin^2\theta}}{n_{oil}\cos\theta}\right) \tag{4-1}$$

式中，c_1为油层厚度，mm；c_2为上石英窗厚度，mm；n_{oil}为油液折射率。

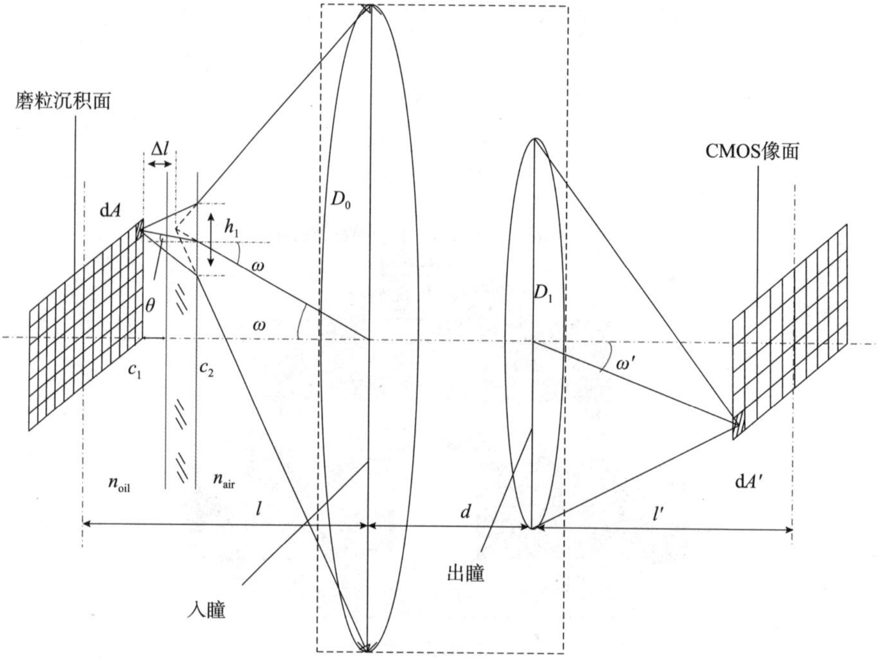

图4-2　像面照度计算模型

为避免出射光线在石英玻片与空气界面发生全反射，光线的出射角限制在$\theta\in[0,\ \arcsin(1/n_{oil}))$区间内。假设磨粒沉积面仅发生光反射，仿真分析光路偏移量Δl与c_2、θ之相互关系，其中，n_{oil}取值为1.5，石英玻片厚度设定为$c_2\in[0.4,\ 1.0]$(单位：mm)，油层厚度参考文献[92]的最优参数，取值为$c_1=1.0$mm，仿真结果如图4-3(a)所示。

如图4-3(b)所示，随着θ的增大，光路偏移量持续增大。当$\theta=40°$且$c_2=0.5$mm时Δl接近于1mm；当$\theta=\arcsin(1/n_{oil})$时，出射光线在石英玻片与空气界面发生全反射，在CMOS像面呈黑色图像。反射光谱片中背景可看作理想朗伯平

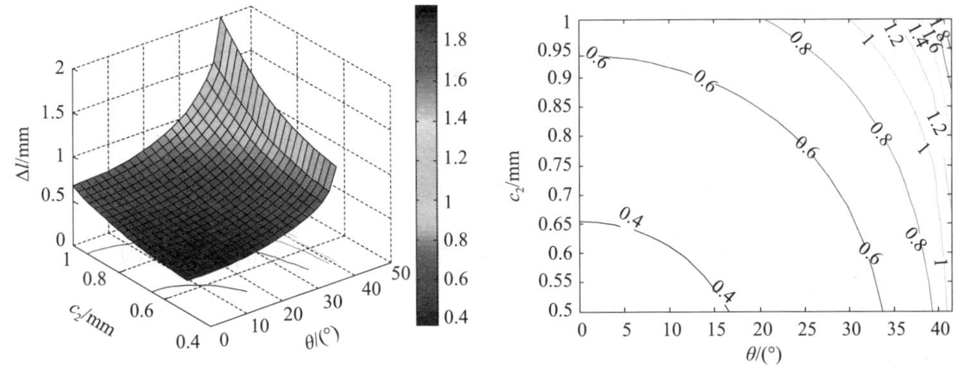

(a)　　　　　　　　　　　　(b)

图 4 - 3　光路偏移量 Δl 与 θ、c_2 的关系描述

面，但磨粒表面凹凸不平，为确保磨粒与背景之间存在对比度差异，应避免背景区域发生全反射。已知环形 LED 反射光源的发光角度为 90°，为避免全反射，设定 $\theta \leqslant \arcsin[\sin(45°)/n_{\text{oil}}]$，此时，$\Delta l$ 随着 c_2 的增加而变大，为减小石英玻片厚度对光路总长度的影响，本书设定 $\Delta l \leqslant 0.6\text{mm}$，则有

$$c_2 \leqslant \frac{0.6 n_{\text{oil}} \cos\theta}{n_{\text{oil}} \cos\theta - \sqrt{n_{\text{air}}^2 - n_{\text{oil}}^2 \sin^2\theta}} \approx 0.73\text{mm} \tag{4-2}$$

实际设计中 c_2 取值为 0.7mm。参考图 4 - 2，且由公式(4 - 1)和公式(4 - 2)可求得电磁 - 图像型磨粒传感器的光路总长度 L_1 可表示为

$$L_1 = f\left(\beta + \frac{1}{\beta}\right) + (c_1 + c_2)\left(1 - \frac{\sqrt{n_{\text{air}}^2 - n_{\text{oil}}^2 \sin^2\theta}}{n_{\text{oil}} \cos\theta}\right) + a_{\text{lens}} + b_{\text{FFL}} \tag{4-3}$$

本设计所采用的 LEO - B080 型镜头光学长度 $a_{\text{lens}} + b_{\text{FFL}}$ 为 19.25mm，当 $c_1 = 1.0\text{mm}$ 和 $c_2 = 0.7\text{mm}$ 时，在 $\beta \in [1.0, 2.0]$ 区间内 Matlab 仿真分析得到 L_1 的长度变化如图 4 - 4 所示，其中 $\theta = \arcsin[\sin(45°)/n_{\text{oil}}]$。当 $\beta = 2.0$ 时，嵌入式显微成像系统的光路总长度 L_1 为 40.16mm，对电磁 - 图像型磨粒传感器的高度基本无影响，可满足体积小型化要求。

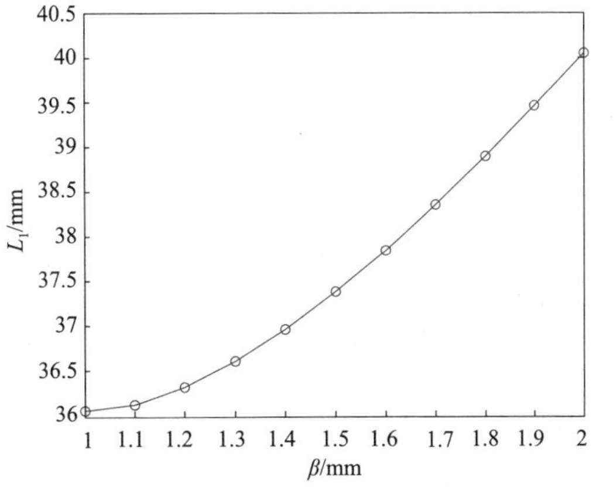

图 4 - 4　光路总长度 L_1 与 β 的关系描述

4.2 电磁–图像型磨粒传感器像面均匀性分析

4.2.1 反射光像面照度模型

像面照度均匀性是决定光电成像系统成像质量的重要因素，常用不均匀度作为像面照度均匀性的评价指标[162]，当不均匀度小于10%时，像面感光均匀性较好[164]，信噪比较高，能更好地满足动态范围要求，这样有利于提高磨粒图像质量。否则，将导致图像清晰度急剧降低[165]，影响磨粒图像分割与特征提取[166]。Zhong等以出瞳模式分析光学系统的像面照度[167]，提出使用中心遮拦方法引入渐晕，以轴外斜光束截面与轴上光束截面积之比优化像面照度的方法，研究对象主要针对大视场光学成像系统，不适应于小视场放大成像系统。Zhang等提出天基红外探测系统的像面照度模型，分析各种因素对像面照度的影响，利用像面照度模型选择探测系统中心波长和波段度，提高探测准确性[168]。M. CHANTLER等建立了基于朗伯余弦定律的线性化像面照度模型，分析未知质地纹理图像局部照度特征，识别和分类质地材料类型[169]。所述文献中出瞳模式光学系统的出瞳位置视场光束具有明显的方向性，像面照度计算结果缺乏准确性[170]，采用的像面照度模型及分析方法也无须考虑介质(如石英玻璃、油液)对光的反射、折射及吸收损失，而且像面照度分析并未考虑狭小空间内光源照明均匀性的影响，不适用于定量描述OLVF成像系统照度分布，分析像面均匀性。

为了分析环形LED阵列光源作用下电磁–图像型磨粒传感器像面照度均匀性，本书以像方参数和图像放大倍率表征物方视场，使物方视场区域离散化，采用朗伯余弦理论建立入瞳模式的像面照度模型。电磁–图像型磨粒传感器成像系统的光路模型如图4–5所示，光线透过上石英窗进入油腔，经光学扩散膜表面反射之后，反射光依次透过下石英窗、油液与上石英窗，并通过显微镜头成像于CMOS像面。令环形LED阵列反射光源的有效半径为R，光源与磨粒沉积面之间高度为H，油腔高度为c_1，上、下石英窗厚度均为c_2，油腔无油时磨粒沉积面的照度均匀区域等效圆直径为W_1，光线入射角为α，进入油液的折射角为γ。考虑石英窗、油液以及磨粒沉积面造成的光能量损失，假设油液衰

减系数为 k，石英玻片透光率为 P_2，反射比为 ρ，磨粒沉积面反射率为 ρ_{wd}，假设油腔无油时磨粒沉积面的叠加照度为 $E(x, y)$，那么，有油时的照度分布 $E_c(x, y)$ 可表示为

$$E_c(x, y) = \frac{\pi W_1^2 (1-\rho) e^{-kc_1} P_2^{c_2} n_{oil}^2 \rho_{wd}}{4 n_{air}^2 S} \cdot E(x, y) \tag{4-4}$$

式中，S 为有油时照度近似均匀区域面积，如图 4－5 阴影部分所示。光线由空气进入油液发生折射，磨粒沉积面均匀照明区域的面积较无油时减小，推导可得 S 为

$$S \approx \frac{\pi [W_1 - 2(c_1 + c_2)(\tan\alpha - \tan\gamma)]^2}{4}, \quad \alpha \geqslant 45^\circ \tag{4-5}$$

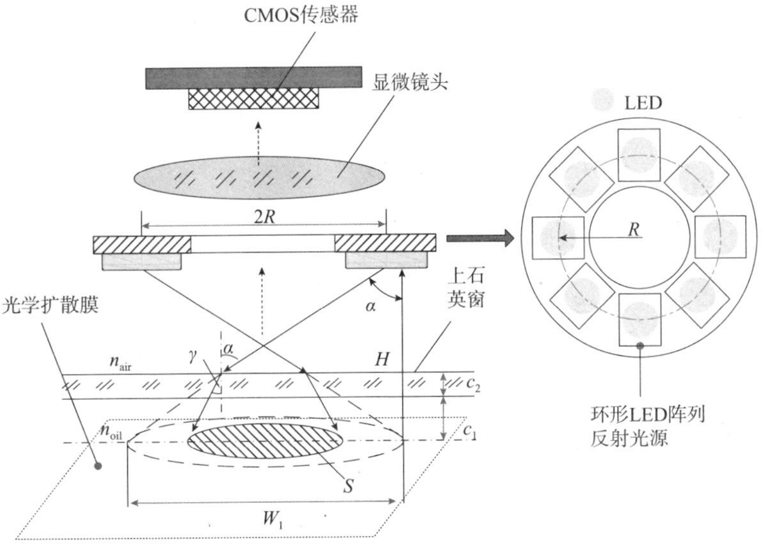

图 4－5　电磁－图像型磨粒传感器的光路模型

将式(3－5)代入式(3－4)可得

$$E_c(x, y) = \frac{W_1^2 (1-\rho) e^{-kc_1} P_2^{c_2} n_{oil}^2 \rho_{wd}}{n_{air}^2 [W_1 - 2(c_1 + c_2)(\tan\alpha - \tan\gamma)]^2} \cdot E(x, y) \tag{4-6}$$

用像方参数及放大倍率表征物方视场，以入瞳模式分析像面照度。像面照度计算模型如图 4－2 所示，假设 CMOS 像素大小为 $M \times N$，像面宽度与高度分别为 X 和 Y，成像系统镜头组焦距为 f，放大倍率为 β，那么在 $x \in [-X/2\beta, X/2\beta]$ 和 $y \in [-Y/2\beta, Y/2\beta]$ 区间内，将磨粒沉积面物方视场区域离散化，沿 x、y 轴划分为 $M \times N$ 等份的微元，每个微元被看作一个朗伯余弦辐射体，表面照度均匀，

微元面积设为 dA。当油腔中有油时，微元 dA 产生的出射光线经过油液与上石英窗在石英－空气界面发生折射，产生轴向位移。假设轴向位移为 Δl，出射光线与主光轴的夹角为 θ，折射光线至入瞳中心与主光轴的夹角为 ω，则 dA 在 θ 方向的发光强度 $I(x_i, y_j)$ 为

$$I(x_i, y_j) = \frac{\sum_{i=1}^{M}\sum_{j=1}^{N} E_c(x_i, y_j)\cos\theta \mathrm{d}A}{\pi MN} \tag{4-7}$$

电磁－图像型磨粒传感器成像系统的显微镜头最前端有物方孔径光阑，即为系统入射光瞳，令光线透过石英玻片的出射高度为 h_1，磨粒沉积面到入瞳面的垂直距离为 l，根据光照度定义，则入瞳接收 dA 的光通量 ϕ 为

$$\phi(x_i, y_j) = I(x_i, y_j)\Omega = \frac{h_1^2\cos^4\theta \mathrm{d}A\sum_{i=1}^{M}\sum_{j=1}^{N} E_c(x_i, y_j)}{4(c_1 + c_2)^2 MN} \tag{4-8}$$

物方视场微元 dA 经过成像系统在 CMOS 像面的成像微元为 dA'，镜头组的透射率设为 τ_0，结合式(4－8)可得像面照度为

$$E'_{\mathrm{CS}}(x_i,\ y_j) = \frac{\tau_0(1-\rho)P_2^{c_2}n_{\mathrm{oil}}^2\phi(x_i,\ y_j)}{\mathrm{e}^{kc_1}n_{\mathrm{air}}^2\mathrm{d}A'} \tag{4-9}$$

式中，$dA/dA' = 1/\beta^2$。若 dA'的像方视场坐标为$(x',\ y')$，以像面坐标与放大倍率表示物方视场内的 dA 坐标，将式(4－6)代入式(4－9)中可得 OLVF 成像系统的像面照度 $E'_{\mathrm{CS}}(x',\ y')$，用于分析像面均匀性。在 $x' \in [-X/2,\ X/2]$和 $y' \in [-Y/2,\ Y/2]$区间内，CMOS 像面照度 $E'_{\mathrm{CS}}(x',\ y')$为

$$E'_{\mathrm{CS}}(x', y') = \frac{(c_1 + c_2)^{-2} PL\sum_{i=1}^{M}\sum_{j=1}^{N} E(x_i', y_j')h_1^2 W_1^2\cos^4\theta}{4MN\beta^2[W_1 - 2(c_1 + c_2)(\tan\alpha - \tan\gamma)]^2} \tag{4-10}$$

式中，PL 可表示为 $\tau_0\rho_{\mathrm{wd}}(1-\rho)^2\mathrm{e}^{-2kc_1}P_2^{2c_2}n_{\mathrm{oil}}^4/n_{\mathrm{air}}^4$，即为光损系数；$E(x_i',\ y_j')$为物方微元 dA 表面照度[94]；γ 可表示为 $\arcsin(n_{\mathrm{air}}\sin\alpha/n_{\mathrm{oil}})$。

如图 4－3 所示，已知成像系统入瞳直径为 D_0，根据平行平板成像特性，则式(4－10)中h_1可表示为

$$\begin{cases} h_1 = \dfrac{(c_1 + c_2 - \Delta l)D_0}{l - \Delta l} \\ l - \Delta l = \dfrac{n_{\mathrm{air}}f\left(1 + \dfrac{1}{\beta}\right)}{n_{\mathrm{oil}}} \end{cases} \tag{4-11}$$

假设环形阵列光源所用 LED 表面发光区域为圆形，有效发光面积为 A_{LED}，出射光法线方向光亮度为 L_{LED}，则式(4-10)中 W_1 和 $E(x_i', y_j')$ 可表示为

$$\begin{cases} W_1 = 2\left(H\tan\alpha + \sqrt{\dfrac{A_{\text{LED}}}{\pi}} - R\right) \\ E(x_i', y_i') = \dfrac{\sqrt{6}RL_{\text{LED}}A_{\text{LED}}\beta^{-3}}{2}\displaystyle\sum_{n=1}^{m}\left\{\dfrac{3R^2\beta^2}{2} + \left[x_i' - R\beta\cos\left(\dfrac{\pi n}{4}\right)\right]^2 + \right. \\ \qquad \left.\left[y_j' - R\beta\sin\left(\dfrac{\pi n}{4}\right)\right]^2\right\}^{-\frac{3}{2}} \end{cases} \tag{4-12}$$

式中，$R \leqslant (H\tan\alpha + \sqrt{A_{\text{LED}}/\pi})/2$；$m$ 为环形阵列中集成的 LED 个数。

成像系统物方视场大小由镜头组焦距、放大倍率与 CMOS 像面尺寸共同决定。假设成像系统的入射光瞳与物方主平面重合，则成像物距与 $l - \Delta l$ 相等，可得式(4-10)中的余弦项 $\cos\theta$ 为

$$\begin{cases} \cos\theta = \dfrac{\sqrt{n_{\text{oil}}^2 - (1-\cos^2\omega)n_{\text{air}}^2}}{n_{\text{oil}}} \\ \cos\omega = \dfrac{2n_{\text{air}}f(\beta+1)}{\sqrt{4n_{\text{air}}^2 f^2(\beta+1)^2 + n_{\text{oil}}^2(x'^2 + y'^2)}} \end{cases} \tag{4-13}$$

像面不均匀度可表示为 $E'_{\text{CS}}(x', y')$ 的最大照度 $E'_{\max}$ 和最小照度 $E'_{\min}$ 之差与两者之和的比值[164]，则成像系统的像面不均匀度 $\Delta E'_{\text{CS}}$ 为

$$\Delta E'_{\text{CS}} = \frac{E'_{\max} - E'_{\min}}{E'_{\max} + E'_{\min}} \times 100\% \tag{4-14}$$

像面不均匀度越小，像面越均匀，当 $\Delta E'_{\text{CS}}$ 小于 10% 时，可认为 OLVF 成像系统像面均匀性较好，铁谱成像质量满足要求。

4.2.2 像面照度均匀性仿真分析

采用 Matlab 仿真计算磨粒沉积面与 CMOS 像面照度分布，分析 OLVF 成像系统光源结构与光学参数对像面照度均匀性的影响。公式(4-10)~公式(4-13)中的仿真实验参数值如表 4-1 所示，其中折射率分别为 $n_{\text{air}} \approx 1$ 和 $n_{\text{oil}} \approx 1.5$。已知本设计所采用 CMOS 器件的像面尺寸为 3.984mm×2.952mm，以像面几何中心为直角坐标原点，则像方视场在 $x' \in [-2\text{mm}, 2\text{mm}]$ 和 $y' \in [-1.5\text{mm}, 1.5\text{mm}]$ 范围内，像面像素大小 $M \times N$ 设置为 480×640。

表 4-1　仿真实验参数值

参数	值
R/mm	6.5
H/mm	8.0
c_1/mm	1.0
c_2/mm	0.7
D_0/mm	5.0
ρ	0.04
P_2	0.96
ρ_{wd}	0.9
τ_0	0.95
k	1.5
a/(°)	45

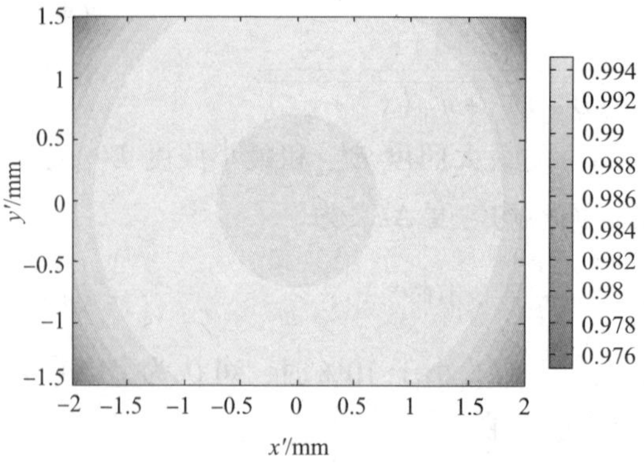

图 4-6　归一化物面照度等值线图

当$\beta=1$时，物像尺寸相等，磨粒沉积面物方视场区域在$x\in[-2\text{mm}, 2\text{mm}]$和$y\in[-1.5\text{mm}, 1.5\text{mm}]$范围内，该区域的照度分布越均匀，CMOS 像面不均度越小。由式(4-6)、式(4-12)及式(4-14)计算可得，当$m\gg 6$时，所述区间内的照度均匀性逐渐趋于稳定，随着m增大物面照度不均匀度(<3%)变化减小。当$m=8$时磨粒沉积面物方视场区域照度$E_c(x,y)$的归一化等值线如图 4-6 所示。由图可见，环形 LED 阵列光源的α、R与H参数已知条件下，磨粒沉积面的照度$E_c(x, y)$均匀性主要由环形阵列中的 LED 个数m来决定。设计中受到电磁-图像型磨粒传感器成像系统内狭小空间限制，以及环形阵列光源低功耗要求，确定$m=8$。

传感器显微成像系统中的物方孔径光阑作为系统入瞳，不仅控制成像系统分辨率，而且也是限制入射光束的有效孔径。如表 4-1 所示，成像系统入瞳直径$D_0=5\text{mm}$，即有效孔径为固定值，当$f=8$且$m=8$时，像面照度均匀性主要由β决定。当$\beta=1.0$时，在$x'\in[-2\text{mm},2\text{mm}]$和$y'\in[-1.5\text{mm}, 1.5\text{mm}]$区间内仿真可得归一化的像面照度 $E'_{CS}(x', y')$ 等值线如图 4－7(a)所示，x'方向的像面照度 $E'_{CS}(x', 0)$ 变化曲线如图 4－7(b)所示。

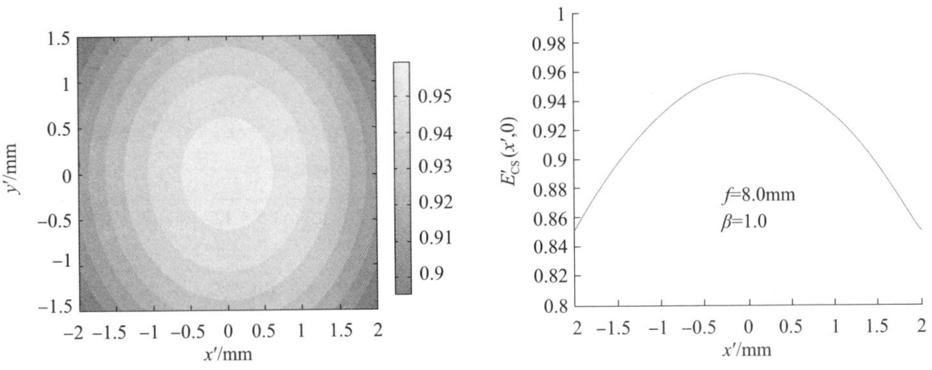

(a)等值线图(β=1和f = 8mm)　　(b)x'方向像面照度变化

图 4－7　归一化像面照度分布

由第 1 章内容可知，嵌入式显微成像系统的焦距 $f = 8$mm 时，可确保磨粒沉积面到 CMOS 像面的光路总长度≤40mm，满足体积小、结构紧凑，以及工业现场在线使用要求。如图 4－7 所示，在 $D_0 = 5$mm 前提下，相对孔径 D_0/f 越小，CMOS 像面中心与边缘区域照度相差越小，像面越均匀。利用公式(4－14)计算可得$\beta = 1$ 的像面不均匀度为 7.86%，能够满足像面照度不均匀度≤10% 的均匀性要求。

实际光学系统中，放大倍率影响物方视场范围，视场范围与离轴距离又是影响像面照度均匀性的主要因素[165]。当 β 分别为 1.2、1.4、1.6、1.8、2.0 时，沿 x'轴方向的像面照度 $E'_{CS}(x', 0)$ 分布曲线如图 4－8(a)所示。当 β 在[1.0, 2.0]区间内连续变化时，计算可得 β 与 E'_0之间关系的归一化曲线如图 4－8(b)所示。其中 E'_0表示 CMOS 像面轴上像点照度 $E'_{CS}(0, 0)$，E'_0随着 β 的增大而减小，由于 β 越大磨粒沉积面的物方视场越小，导致进入入瞳的总光通量减小，使得成像系统像面照度随之降低，但 β 增大有利于像面均匀性提高。由此可见，本书以 $\beta = 2.0$ 作为电磁－图像型磨粒传感器标准放大倍率能够兼顾像面照度大小与均匀性要求。

仿真分析油腔中有油和无油状态下磨粒沉积面的照度分布。当 f 与 β 分别为 8mm 和 2.0 时，在 $x \in [-10\text{mm}, 10\text{mm}]$ 和 $y \in [-10\text{mm}, 10\text{mm}]$ 区间内，有油与无油状态下磨粒沉积面沿 x 轴方向的照度分布 $E(x, y)$ 和 $E_c(x, y)$ 归一化曲线如图 4－9(a)所示。由仿真结果可见，在 $x \in [-2\text{mm}, 2\text{mm}]$ 区间内磨粒沉积面的照度近似均匀，可确保 β 为 2.0 倍时物方视场照明均匀。有油时磨粒沉积面的照度均匀区域较无油时减小，该区域的照度大小不足无油时的 50%，光能量损

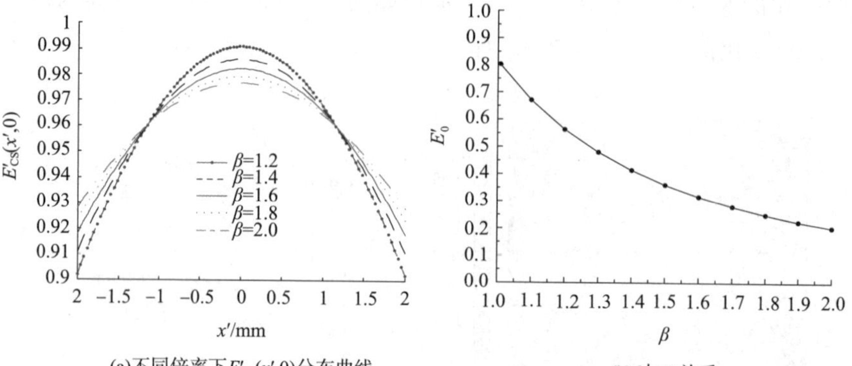

(a)不同倍率下$E'_{CS}(x',0)$分布曲线　(b)β与E'_0关系

图 4－8　放大倍率与像面照度关系曲线

耗较大。光能量损失是影响像面照度大小的重要因素，由公式(4－9)可见，入射光能量损耗是由油液衰减系数 k 和油层厚度 c_1 决定，其中 c_1 为常量，当 k 在[0，20]区间内连续变化时，分析可得 k 与 E'_0关系曲线如图 4－9(b)所示。

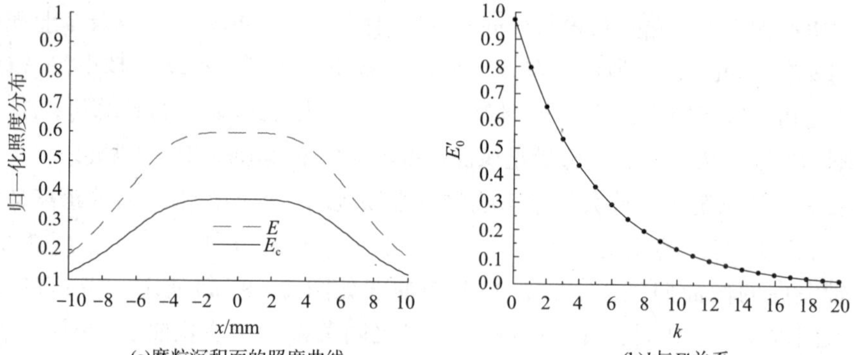

(a)磨粒沉积面的照度曲线　(b)k与E'_0关系

图 4－9　物面和像面照度的变化曲线

由图 4－9(b)可见，当 k 增大时，光能量损耗随之增大，像面照度降低，影响铁谱成像质量。随着 k 值增大，像面照度 $E'_{CS}(x', y')$ 以指数形式衰减，当 k 增至 20 时，像面照度接近于零，表明 k 值是影响像面照度大小的决定性因素。为保证像面质量，油液衰减系数 $k \leqslant 3$。

环形 LED 阵列光源作用下的仿真分析像面照度分布，计算不均匀度。本书设计的环形阵列光源以 2835 白光贴片 LED 作为基本单元，测得单颗 LED 最大发光强度为 1.98cd。假设镜头组透射率 τ 为 0.8，在 $x' \in [-2\text{mm}, 2\text{mm}]$ 和 $y' \in [-1.5\text{mm}, 1.5\text{mm}]$ 区间内，仿真分析电磁－图像型磨粒传感器成像系统 $E'_{CS}(x', y')$ 的等值线，如图 4－10 所示。

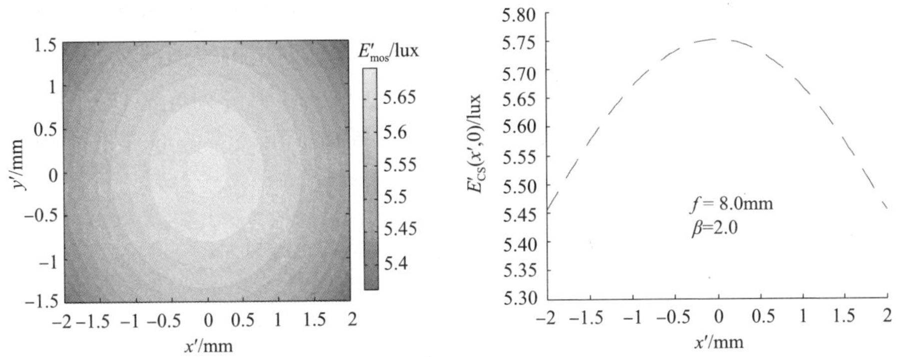

(a)等值线图(β=2.0和f = 8mm)　(b)x'方向的像面照度变化

图 4－10　2835 环形阵列光源下像面照度分布（$L_{LED}A_{LED}$ = 1.98cd）

光路中金属部件的遮挡与表面反光，加之石英玻片和油液的反射吸收损失，造成光能量严重损失，使得能够到达 CMOS 像面的光能量不足磨粒沉积面的 10%。由仿真结果可见，采用 2835 环形阵列得到的 CMOS 像面照度 $E'_{CS}(x', y')$ 集中在 5.35～5.75lux 范围内。由此可见，该光源所产生的像面照度大于所用 CMOS 的最小感光照度 0.1lux，可满足 CMOS 器件像面感光灵敏度要求。为了避免照度过低对像面质量的影响，在满足低功耗的前提下应增大 LED 光源发光强度，提高光源对不同透光率油液的适应性，确保铁谱图像可靠获取。利用公式（4－14）计算得到的环形阵列光源作用下的像面照度不均匀度约为 5.60%。

综上所述，吸光系数 k 与光源发光强度仅影响像面照度大小，与均匀性无关；当焦距 f 时，放大倍率 β 则是影响像面均匀性的主要因素。当 $f = 8$mm 且 $\beta = 2.0$ 时，OLVF 成像系统可满足不均匀度小于 10% 的像面均匀性要求，可实现较高质量磨粒成像。

4.2.3　实验结果与分析

将安装 2835 环形阵列光源的电磁－图像型磨粒传感器的成像系统进行像面照度均匀性实验测试，测试系统原理如图 4－11 所示。首先，电磁－图像型磨粒传感器被固定在精密定位装置上，光源控制模块恒流驱动环形 LED 阵列反射光源，采用蠕动泵循环向油腔内通入长城 L－AN68 润滑油，2.0 倍率下使得传感器成像系统像面清晰对焦，CMOS 传感器位于像方焦平面位置；然后，控制蠕动泵停止油液流动，CMOS 扫描获取像面照度图像，并通过图像采集卡实时上传于计算机；最后，利用像面均匀性测试软件提取背景图像最大与最小灰度值，由公式(3－14)计算可得 CMOS 像面不均匀度。在 15mA 和 30mA 恒流驱动下，环形阵列光源照明所获得的背景图像以及灰度化图像所对应的等值线如图 4－12 所示。在环境温度 25℃与相对湿度 55%条件下，测试环形阵列光源作用下 CMOS 像面的照度均匀性，调节光源控制模块产生不同驱动电流，改变环形 LED 阵列发光强度，检测像面不均匀度，结果如表 4－2 所示。

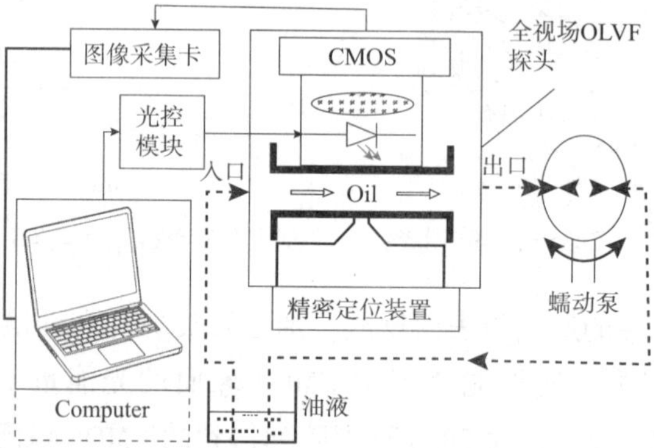

图 4－11　测试系统原理图

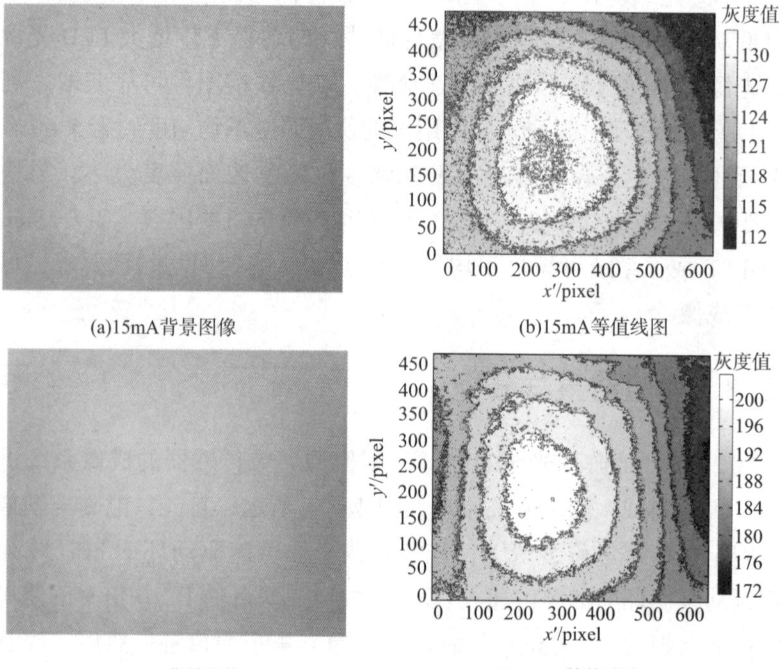

(a)15mA背景图像

(b)15mA等值线图

(c)30mA背景图像

(d)30mA等值线图

图 4－12　不同恒流驱动的测试结果对比

表4－2 不同驱动电流的像面不均匀度

驱动电流/mA	2835 阵列/%
10.03	8.56
15.07	8.38
20.03	8.42
25.09	8.29
30.06	8.25

由表4－2可见，不同电流驱动下环形 LED 阵列光源的像面不均匀度在8%～9%范围内，计算可得 CMOS 像面的照度不均匀度平均值为8.38%。另外，由于环形 LED 光源安装及调焦机构装配误差、油液中悬浮气泡的反射与散射、放大倍率偏差以及系统内杂光干扰等因素的影响，造成像面不均匀度实测值与仿真结果存在偏差，可通过校正调焦机构、减小装调误差，进一步提高实际中的像面照度均匀性。测试结果显示：电磁－图像型磨粒传感器成像系统的像面不均匀度实测值仍小于10%，可满足像面均匀性要求。

4.3 电磁－图像型磨粒传感器磨粒显微成像特性分析

本书基于朗伯余弦理论构建了反射光显微成像系统像面照度分布数学模型[171]，分析了光学倍率与油液衰减系数对 CMOS 像面照度不均匀度的影响，仿真与实验结果表明所提出的电磁－图像型磨粒传感器显微成像系统能够满足反射光成像的像面照度均匀性要求。然而，像面照度分布模型仅能用于评价无磨粒沉积状态下电磁－图像型磨粒传感器像面照度均匀性，不适用于定量分析磨粒沉积状态下光学参数及油液介质透光度对其显微成像清晰度的影响规律，难以确定电磁－图像型磨粒传感器磨粒视觉信息获取的油液透光度范围，无法评价磨粒探测时该传感器的显微成像质量。Zhu 等根据小孔成像原理建立了显微视觉成像模型，以此推导出图像坐标系与微动平台坐标系之间的数学关系，并结合图像处理算法，实现了微动平台输出位移的精准测量[172]。尽管该模型方法在显微成像条件下实现了微动位移的测量分析，但无法进行微小物体显微特征探测。Liu 等建立基于分光瞳差动共聚焦原理的显微成像系统光强度模型，优化了其关键参数，以此研制了一种具有最优参数的分光瞳差动共聚焦显微传感器[173]。Zhang 等利用共聚焦显微成像实现了物体的三维形貌重构[174]，其显微测量精度可达到微米级。然而，所述共聚焦原理的显微成像模型和方法仅局限于空气介质条件下微小物体显微成像特性分析及三维重构，难以满足液体介质下显微成像与测量要求。因此，Song 等通过显微成像探测微尺度流场中示踪粒子，提出基于波动光学理论的光场显微成像模型，运用反卷积运算实现了液体介质下微小粒子的重构[175]，但该模型不能对液体流场中粒子的显微成像效果进行定量分析与评价。综上所述：用于分析评价不同透光度油液介质下微观颗粒反射光显微成像质量的模型和方法尚无文献记载。

为此，本书提出了基于光散射理论的磨粒显微成像反射光辐照度模型，仿真计算确定了电磁－图像型磨粒传感器显微成像系统的光学倍率，以及实现磨粒监测的油液衰减系数取值范围，并分析评估了电磁－图像型磨粒传感器磨粒显微成像特性。实验测试结果与仿真分析结果一致，油液磨粒反射光显微成像清晰度满足液压和齿轮传动系统的磨损在线监测要求。

4.3.1 反射光显微成像建模

电磁－图像型磨粒传感器显微成像系统如图 4－13(a)所示：CMOS 传感器置于显微镜头正上方，环形 LED 阵列作为反射光源，与显微镜头黏结固定后嵌入油液流道内部；上石英窗和下石英窗固定于油液流道底部，形成的密封间隙作为油腔，下石英窗用作磨粒沉积面，光学扩散膜被夹持于下石英窗与高梯度磁场装置的磁极之间，作为显微成像背景；改变物距和像距可调节成像系统光学倍率。反射光源的出射光线经光学扩散膜和磨粒表面反射，其二次反射光在油液中散射，部分光线依次透过上石英窗与显微镜头成像于 CMOS 像面，形成磨粒反射光谱片，显微成像系统的反射光辐照度模型如图 4－13(b)所示。环形 LED 阵列的出射光线经光学扩散膜或磨粒表面反射，其二次反射光未被润滑油散射在 CMOS 像面产生的辐照度称之为直接分量；二次反射光在润滑油液中发生小角度散射[176]，形成的辐照度称之为油层前向散射分量；环形 LED 阵列出射光线透过上石英窗进入油腔，被油液后向散射而进入显微镜头，在 CMOS 像面产生的辐照度称之为油层后向散射分量。电磁－图像型磨粒传感器显微成像系统中的机械部件经发黑处理，因此，忽略光路中杂散光影响，考虑润滑油液对光线的散射、吸收作用，那么电磁－图像型磨粒传感器显微图像可被看作直接分量、油层前向散射分量及油层后向散射分量辐照度的线性叠加。反差透视比(Contrast Transmittance，CT)作为描述图像对比度和反映光学成像系统性能的有效指标，可表示为实际对比度与固有对比度的比值[177]。通常情况下，CT值越大，反射光下图像对比度越高，表明成像质量越好，则反射光下电磁-图像型磨粒传感器磨粒显微成像的反差透视比可表示为直接分量与电磁-图像型磨粒传感器显微图像辐照度总量之比值[178]，即为

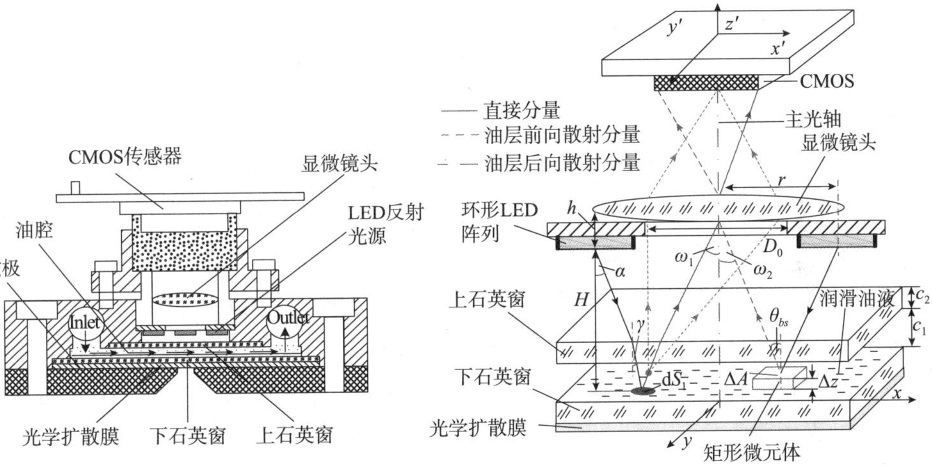

(a)显微成像系统结构示意图　　(b)反射光辐照度模型

图4-13　电磁-图像型磨粒传感器显微成像系统

$$C_{\mathrm{R}}(x', y') = \frac{E_{\mathrm{d}}(x', y')}{E_{\mathrm{d}}(x', y') + E_{\mathrm{fs}}(x', y') + E_{\mathrm{bs}}(x', y')} \tag{4-15}$$

式中，$E_{\mathrm{d}}(x', y')$为直接分量；$E_{\mathrm{fs}}(x', y')$为油层前向散射分量；$E_{\mathrm{bs}}(x', y')$为油层后向散射分量。

(1)直接分量与油层前向散射分量

将内衬有光学扩散膜的磨粒沉积面划分为若干个等份微元，每一个微元可被看作表面照度均匀的朗伯余弦辐射体，令环形LED阵列的有效半径为r，LED阵列距离磨粒沉积面的高度为H，油腔高度为c_1，上石英窗厚度为c_2，LED入射光线与主光轴之间的夹角为α，光线进入润滑油液的折射角为γ。当油腔通油时，任意微元$\mathrm{d}S_1$的出射光线将首先穿过油层与上石英窗，经显微镜头成像于CMOS像面形成微元图像$\mathrm{d}S_2'$。如图4-13(a)所示，采用出射窗边框与像方主平面重合的单板机镜头，将其倒置作为显微镜头使用，此时镜头的出射光瞳即为显微成像系统的入射光瞳[179]，单板机镜头的出射窗边框则作为孔径光阑被置于显微镜头

最前端，与成像系统物方主平面重合，那么，在(x', y')坐标点上 CMOS 像面所接受的直接分量$E_d(x', y')$为

$$\begin{cases} E_d(x', y') = \dfrac{\tau_0\beta^2 D_0^2 W_1^2 n_{oil}^2 (1-R_T)^2 e^{-\frac{2C_0c_1}{\cos\gamma}}\rho(x', y')E_0(x', y')\cos^4\omega_1}{4n_{air}^2[W_1 - 2(c_1+c_2)(\tan\alpha - \tan\gamma)]^2 f^2(1+\beta)^2} \cdot \dfrac{dS_1}{dS_2'} \\ W_1 = 2(H\tan\alpha + \sqrt{1/\pi} - r) \\ \dfrac{dS_1}{dS_2'} = \dfrac{1}{\beta^2} \end{cases} \tag{4-16}$$

式中，γ恒等于$\arcsin(n_{air}\sin\alpha/n_{oil})$，其中$n_{oil}\approx 1.5$与$n_{air}\approx 1.0$分别为油液和空气的折射率，上石英窗与油液折射率相近，忽略两者差异；τ_0为显微镜头的透光率；β为显微成像系统光学倍率；D_0为孔径光阑直径；C_0为油液衰减系数；R_T为上石英窗的反射比；ω_1为折射光线至入瞳中心与主光轴的夹角。此外，$\rho(x', y')$表示磨粒沉积面的物方平面反射图，即$\rho(x', y') = \eta f(x', y')$，其中$\eta$为光学扩散膜反射率与对应的图像灰度之比值，$f(x', y')$为电磁－图像型磨粒传感器所获得的显微图像。另外，$E_0(x',y')$和$\cos\omega_1$已在文献[171]中进行定量描述，可表示为

$$\begin{cases} E_0(x',y') = \dfrac{\sqrt{6}rI_0\beta^3}{2}\sum_{n=1}^{8}\left\{\dfrac{3r^2\beta^2}{2} + \left[x' - r\beta\cos\left(\dfrac{\pi n}{4}\right)\right]^2 + \right. \\ \left.\left[y' - r\beta\sin\left(\dfrac{\pi n}{4}\right)\right]^2\right\}^{-\frac{3}{2}}, r \leqslant \dfrac{H\tan\alpha}{2} \\ \cos\omega_1 = \dfrac{f(\beta+1)}{\sqrt{f^2(\beta+1)^2 + (x'^2 + y'^2)}} \end{cases} \tag{4-17}$$

式中，I_0为主光轴方向的发光强度。相应地，磨粒沉积面微元的出射光线在油液中发生小角度散射而形成油层前向散射分量辐照度$E_{fs}(x', y', 0)$，可等效于直接分量辐照度与油液点扩展函数的卷积运算[180]，则有

$$E_{fs}(x', y', 0) = E_d(x', y', 0) \otimes PSF_{sb}(x', y' \mid G, C_0, \beta, c_1) \tag{4-18}$$

其中，$PSF_{sb}(x', y' \mid G, C_0, \beta, c_1)$为磨粒沉积面$(x'/\beta, y'/\beta)$坐标点出射光透过油液在 CMOS 像面产生的点扩展函数，可近似表示为[181]

$$PSF_{sb} \approx \left[e^{-\frac{b_{oil}(500)+C_0}{2}\cdot\sqrt{\frac{x'^2}{\beta^2}+\frac{y'^2}{\beta^2}+c_1^2}} - e^{-C_0\sqrt{\frac{x'^2}{\beta^2}+\frac{y'^2}{\beta^2}+c_1^2}}\right] \times \mathcal{F}^{-1}\{e^{-C_0c_1w}\} \tag{4-19}$$

式中，$\mathcal{F}^{-1}$为傅里叶反变换；w为空间频率；$b_{oil}(500)$表示 500nm 主波长条件下测试获得油液中的光散射系数，采用紫外可见光分光光度计(型号：日本津

岛 UV3600)测得 $b_{oil}(500) \approx 0.095$。

(2)油层后向散射分量

参考 B. L. McGlamery 提出的水下成像后向散射模型[182]，将位于磨粒沉积面上方的油液划分成等厚度的矩形微元体，如图 4 - 13(b)所示。已知油层厚度为 c_1，令微元体的厚度为 Δz，则油层可被划分为 $c_1/\Delta z$ 个等厚度的微元体，所有微元体与 CMOS 像面平行，为提高油层后向散射分量辐照度的计算精度，Δz 取值应尽可能小，且保证 $c_1/\Delta z$ 为整数。将主光轴与磨粒沉积面的交点作为坐标原点，那么当前微元体在 z 轴方向的坐标位置可表示为 $z' = \Delta z\left(i - \frac{1}{2}\right)$，其中 $i = 1, 2, \cdots, c_1/\Delta z$。当微元体至入瞳中心与主光轴的夹角为 ω_2 时，单个微元体在 CMOS 像面产生的油层后向散射分量辐照度 $E_{bs,d}(x', y')$ 可表示为

$$\begin{cases} E_{bs,d}(x', y') = \dfrac{\pi D_0^2(1 - R_T)\tau_0\delta_{bs}(\theta_{bs})\cos^3\omega_2 E_1\left\{x', y', \left[\Delta z\left(i - \frac{1}{2}\right)\right]\right\}\Delta z}{4f^2(\beta + 1)^2 \cdot e^{C_0\left(c_1 - \left|\Delta z\left(i - \frac{1}{2}\right)\right|\right)}} \\ \cos\omega_2 = \dfrac{f(1 + \beta) - \Delta z\left(i - \frac{1}{2}\right)\beta}{\sqrt{\left[f(1 + \beta) - \Delta z\left(i - \frac{1}{2}\right)\beta\right]^2 + \left(\frac{\beta x'}{B_m}\right)^2 + \left(\frac{\beta y'}{B_m}\right)^2}} \end{cases} \tag{4-20}$$

式中，$\delta_{bs}(\theta_{bs})$为体散射函数，其中 θ_{bs} 为后向散射角。仅考虑由油液分子所引起的后向散射光，由蒙特卡洛仿真计算可得油液的体散射函数 $\delta_{bs}(\theta_{bs})$[183]为

$$\delta_{bs}(\theta_{bs}) = \frac{3b_{oil}(500)(1 + p\cos^2\theta_{bs})}{4\pi(3 + p)} \tag{4-21}$$

式中，p 为极化因数，依据 Boss 的研究结果 p 取值为 0.84[184]。另外，$E_1(x', y')$表示单个微元体接受环形 LED 阵列出射光线的辐照度，参考公式(4 - 17)推导可得 $E_1(x', y')$为

$$\begin{cases} E_1(x', y') = B_m^3(1 - R_T)\left[H - \Delta z\left(i - \frac{1}{2}\right)\right] \times I_0 e^{-C_0\frac{\left[c_1 - \Delta z\left(i - \frac{1}{2}\right)\right]}{\cos\gamma}} \cdot \\ \sum\limits_{n=1}^{8}\left\{\left[x' - rB_m\cos\left(\frac{\pi n}{4}\right)\right]^2 + \left[y' - rB_m\sin\left(\frac{\pi n}{4}\right)\right]^2 + B_m^2\left[H - \Delta z\left(i - \frac{1}{2}\right)\right]^2\right\}^{-\frac{3}{2}} \end{cases} \tag{4-22}$$

式中，B_m 为微元体在 CMOS 像面的光学倍率，可表示为 $B_m = \dfrac{f\beta(\beta + 1)}{f(\beta + 1) - \Delta z(i - 0.5)\beta}$；$H$ 等效于 $f(1 + 1/\beta) - h$，其中，h 为显微镜头物方主平

面与 LED 阵列的间距。微元体表面的后向散射光在入瞳方向发生前向散射，由小角度散射理论可得 CMOS 像面的油层后向散射分量辐照度$E_{bs}(x',y')$为[177]

$$E_{bs}(x',y') = \sum_{i=1}^{\frac{c_1}{\Delta z}} E_{bs,d}(x',y') + \left\{ \sum_{i=1}^{\frac{c_1}{\Delta z}} E_{bs,d}(x',y') \right\} \otimes PSF_{sb}\left[x',y' \middle| G, C_0, \beta, c_1 - \Delta z\left(i - \frac{1}{2}\right)\right] \tag{4-23}$$

式中，$PSF_{sb}\left[x',\ y' \mid G,\ C_0,\ \beta,\ c_1 - \Delta z\left(i - \frac{1}{2}\right)\right]$用公式(4-19)来表征。

4.3.2 仿真结果与分析

采用 Matlab 仿真计算反射光下电磁-图像型磨粒传感器磨粒显微成像的反差透视比，分析光学倍率β、油液衰减系数C_0与后向散射角θ_{bs}对反差透视比的影响，进而评价电磁-图像型磨粒传感器磨粒反射光显微成像特性。将显微成像系统主光轴与 CMOS 像面的交点作为坐标原点，并与 CMOS 像面轴上像点重合。采用 OV7725 CMOS 传感器作为电磁-图像型磨粒传感器显微图像的接收器件，根据其感光面尺寸可确定显微成像的有效视场范围在$x' \in [-2,\ 2]$和$y' \in [-1.5,\ 1.5]$区间内。运用公式(4-15)~公式(4-23)计算该传感器磨粒显微成像的反差透视比。设置仿真计算参数值如表 4-3 所示。

表 4-3　仿真计算参数值

参数类型	参数值	参数类型	参数值
r/mm	6.5	α/(°)	45
h/mm	4.0	Δz/mm	0.01
c_1/mm	1.0	R_T	0.04
c_2/mm	0.8	τ_0	0.95
D_0/mm	5.0	η	0.005
f/mm	8.0	$\rho(0,\ 0)$	0.9
I_0/cd	1.98	H/mm	8.0

当在$C_0=1.0$和$\theta_{bs}=0$的理想条件下，油液散射光可全部进入显微镜头，被 CMOS 像面接收。电磁-图像型磨粒传感器磨粒显微成像的反差透视比可通过调整 LED 光源与主光轴之间的间距(等效于 LED 阵列的有效半径)来改变[176]，为保证电磁-图像型磨粒传感器显微成像效果，参考文献[94]和[171]的设计参

数，环形 LED 阵列反射光源由 8 颗 0.1W 小功率 LED 均布构成，距离磨粒沉积面的安装高度 $H=8.0$mm，当 LED 阵列有效半径设置为 $r=6.5$mm 时，电磁-图像型磨粒传感器的磨粒沉积面可获得 130～150W/m^2 的辐照度分布，并确保其显微成像的像面辐照度均匀性比率大于 90%。以此为基础，在 $r\in[5.0,\ 6.5]$ 和 $\beta\in[1.0,\ 2.0]$ 条件下计算 CMOS 像面轴上像点的反差透视比 $C_R(0,\ 0)$ 的变化情况，其仿真计算结果如图 4-14 所示。显然，当 β 从 1.0×增至 2.0×时，$C_R(0,\ 0)$ 值随之增大，其原因在于随着 β 增大显微成像的物距减小，CMOS 像面可接收到的直接分量辐照度增多，同时，r 变大导致油层后向散射分量辐照度随之减小。由公式(4-15)可知，增大了电磁-图像型磨粒传感器磨粒显微成像的反差透视比，进而提高了电磁-图像型磨粒传感器显微成像的图像对比度。所以，本设计以 $\beta=2.0$ 作为电磁-图像型磨粒传感器反射光显微成像系统的最佳光学倍率，在满足小型化的同时有效地提升显微成像质量。

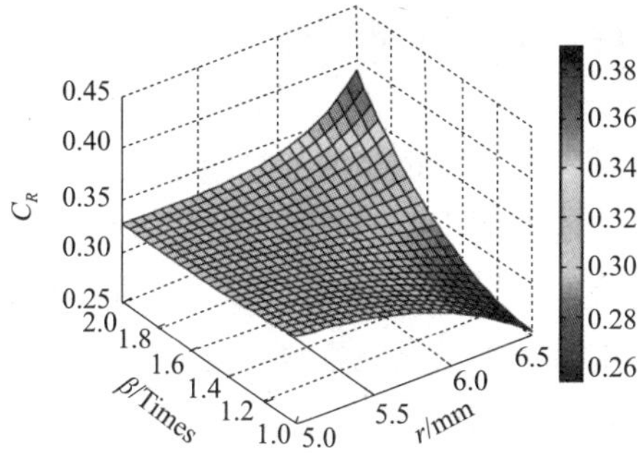

(a)$C_R(0,0)$与r、β的对应关系

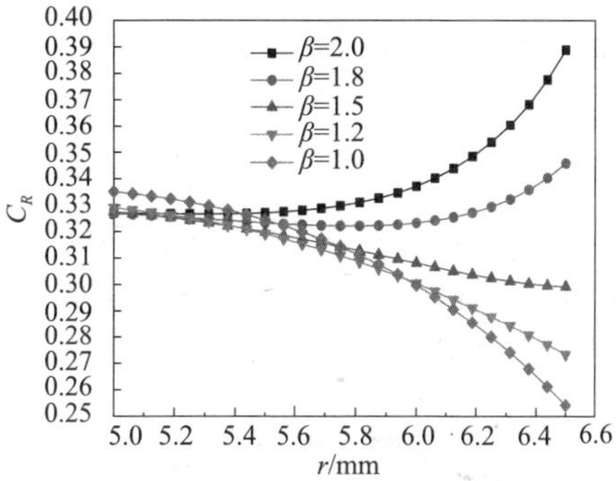

(b)$C_R(0,0)$与r的关系曲线图

图 4-14 r 和 β 变化对 CMOS 像面轴上像点反差透视比的影响

如图 4-14 所示，当 $\beta=2.0$ 和 $r=6.5$mm 时，电磁-图像型磨粒传感器显微成像系统可达到最佳反射光成像效果，然而不同颜色润滑油的透明度存在差异，油液透明度减小，将造成电磁-图像型磨粒传感器磨粒显微成像质量降低。油液衰减系数 C_0 与后向散射角 θ_{bs} 能够反映油液透明度，为此设定 $\theta_{bs}\in\{0,\ \arcsin[\sin\alpha(45°)/n_{oil}]\}$ 以避免出射光全反射现象，在 $C_0\in[1,\ 6]$ 区间内仿真计算 CMOS 像面轴上像点 $C_R(0,\ 0)$ 的变化，如图 4-15 所示。

显然，随着 C_0 增大，$C_R(0,\ 0)$ 以近似指数形式衰减，当 $C_0\leqslant 2$ 时，θ_{bs} 增大，$C_R(0,\ 0)$ 随之增大，尤其当 $C_0\geqslant 2$ 时，θ_{bs} 变化对 $C_R(0,\ 0)$ 几乎无影响。分析原因在于：C_0 越大，油液对光的吸收、散射损耗越多，将导致 CMOS 像面接受的直接分量与油层前向散射分量辐照度急剧减小；θ_{bs} 增大，油层后向散射分量辐照度

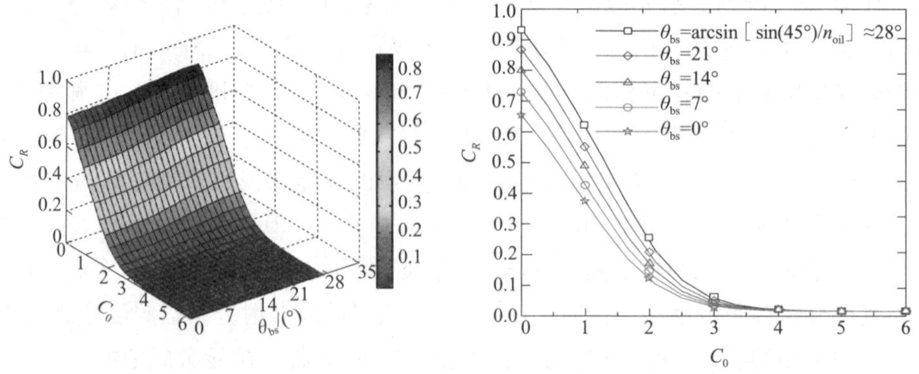

(a)$C_R(0,0)$与C_0、θ_{bs}的对应关系 (b)$C_R(0,0)$与C_0的关系曲线

图 4 – 15 C_0和θ_{bs}变化对 CMOS 像面轴上像点反差透视比的影响

$E_{bs}(0, 0)$亦随之减小，当$\theta_{bs}\approx28°$时，后向散射光在石英 – 空气界面发生全反射，$E_{bs}(0, 0)$等于零。然而，相对于油层后向散射分量辐照度，直接分量辐照度减小更快，将导致 CMOS 像面中心可获得的反差透视比减小，从而造成电磁 – 图像型磨粒传感器显微成像的图像对比度急剧降低。综上所述，油液衰减系数是影响电磁 – 图像型磨粒传感器磨粒显微成像质量的决定性因素，当$C_0\geqslant2$时，$C_R(0, 0)$衰减严重，导致传感器显微成像模糊或无法成像。所以，为获得较高质量显微图像，电磁 – 图像型磨粒传感器显微成像系统探测对象的油液衰减系数应设定为$C_0\leqslant2$。

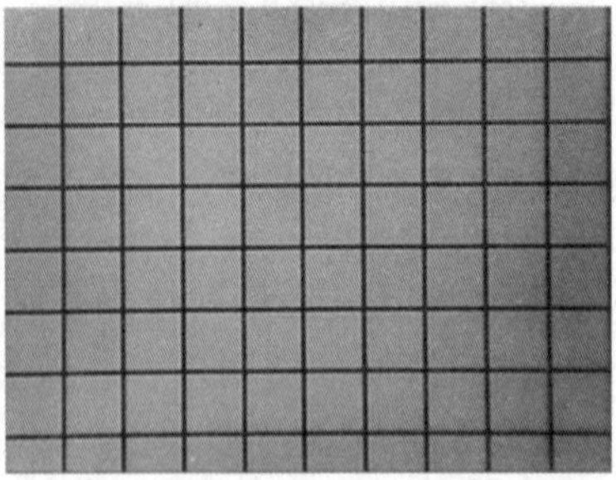

图 4 – 16 电磁 – 图像型磨粒传感器显微成像的测微尺网格图像($\beta=2.0$)

然而，$C_R(0, 0)$无法反映 CMOS 像面边缘区域的图像对比度变化。将光学扩散膜置于网格微标尺下方，作为电磁 – 图像型磨粒传感器显微成像的背景，在$\beta=2.0$条件下获取网格精度 0.2mm 的测微尺网格图像(图 4 – 16)，由此计算平面反射图$\rho(x', y')$。当$\theta_{bs}=0°$且C_0取值分别为 0.5、1.0、1.5 和 2.0 时，利用公式(4 – 15) ~ 公式(4 – 23)计算$x'\in[-2, 2]$和$y'\in[-1.5, 1.5]$坐标平面内$C_R(x', y')$的等值线图，以分析 CMOS 像面反差透视比的变化规律，仿真结果如图 4 – 17所示。显而易见，随着C_0增大，$C_R(x', y')$值急剧减小，当C_0由 0.5 增大至 2.0 时，测微尺网格图像背景区域的$C_R(x', y')$最大值由 0.60 衰减至 0.18，然而网格区域的$C_R(x', y')$仅由 0.12 减小至 0.04。网格图像背景区域与网格区域之间的反差透视比差异急剧减小，表明增大油液衰减系数将导致

电磁－图像型磨粒传感器显微成像的图像对比度显著降低。另外，由图 4－17 可见，CMOS 像面内的像素点距离主光轴越远，在(x', y')坐标上测微尺网格图像的$C_R(x', y')$值越小。其主要原因为：如图 4－17(b)所示，由于油液中出射光传播距离增大，以及显微镜头场曲像差的存在，从 CMOS 像面中心向边缘区域过渡，像素点接受的直接分量辐照度$E_d(x', y')$逐渐降低，造成测微尺网格图像远离主光轴位置的反差透视比值随之减小［图 4－17(b)～(d)］。因此，在 CMOS 像面中心与主光轴重合条件下，磨粒尽可能沉积于电磁－图像型磨粒传感器显微成像系统的主光轴附近，以保证磨粒图像的最佳显微成像质量。

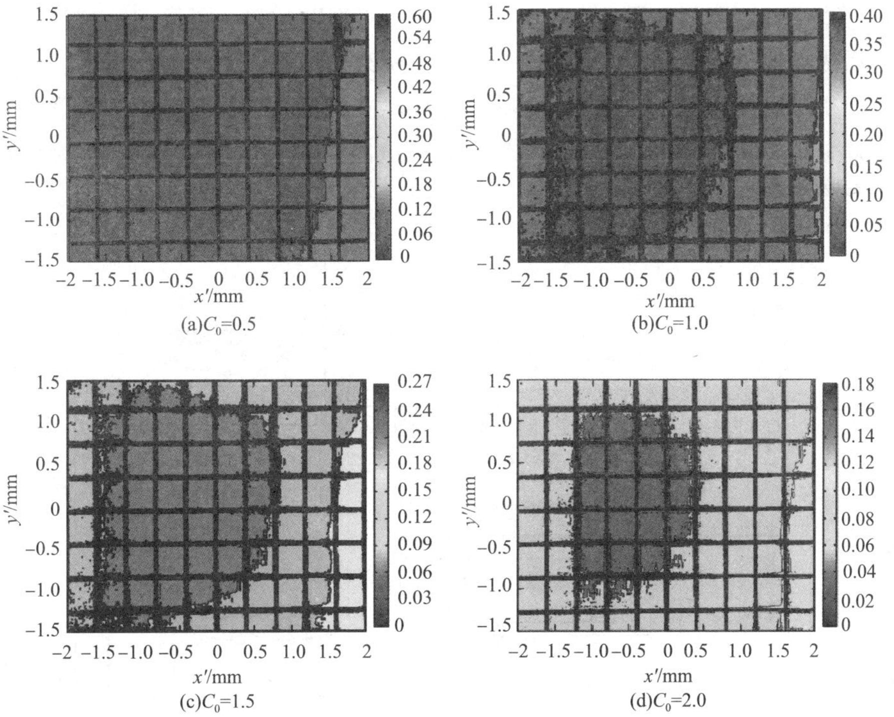

图 4－17　不同油液衰减系数下的$C_R(x', y')$等值线图

综上所述，在 LED 阵列的有效半径 $r=6.5$mm 被确定条件下，光学倍率β与油液衰减系数C_0是影响电磁－图像型磨粒传感器反射光显微成像性能的主要因素。在$\beta=2.0$且$C_0\leqslant 2.0$条件下，通过控制高梯度磁场强度和油液流量，使得磨粒尽可能被吸附且有序地沉积于磨粒沉积面物方视场的主光轴附近，以提高电磁－图像型磨粒传感器的反射光显微成像质量，实现在线磨损监测过程中较高探测精度的磨粒视觉信息获取。

4.3.3 测试实验与结果分析

将装有反射光显微成像系统的电磁 – 图像型磨粒传感器进行磨粒图像采集与显微成像性能实验测试，磨粒探测实验系统如图 4 – 18 所示。计算机通过 RS232 串口将控制信号发送至 MCU 沉积控制器，按照磨粒循环采样命令，采样参数如磨粒沉积磁动势、磨粒沉积时间，采样周期以及磨粒冲刷与沉积流量可被 MCU 控制，蠕动泵以特定转速将含有磨粒的油液注入电磁 – 图像型磨粒传感器油腔，在高梯度磁场力作用下油液中的磨粒被吸附沉积于磨粒沉积面，形成有序分布的磨粒沉积谱，恒流驱动器控制 LED 阵列反射光源为电磁 – 图像型磨粒传感器磨粒显微成像提供均匀照明，CMOS 传感器捕获磨粒沉积谱的反射光谱片，并上传于计算机进行处理分析。以图 4 – 18 所示的磨粒探测系统为基础，开展磨粒反射光谱片采集实验，分析油液衰减系数变化对电磁 – 图像型磨粒传感器显微成像性能的影响规律。

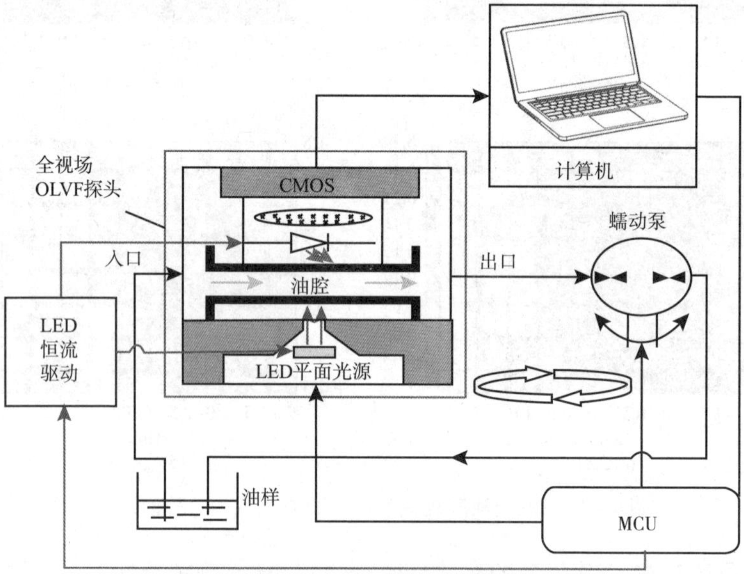

图 4 – 18　磨粒探测实验系统原理图

采用不同颜色的液压油、齿轮油、汽轮机油以及车用柴油机油作为测试油样，在 2 × 光学倍率条件下分别获得四种油样磨粒沉积谱的反射光谱片，如图 4 – 19 所示。为减小沉积谱中磨粒磁化堆积，实验测试过程中的采样参数设置如表 4 – 4 所示。

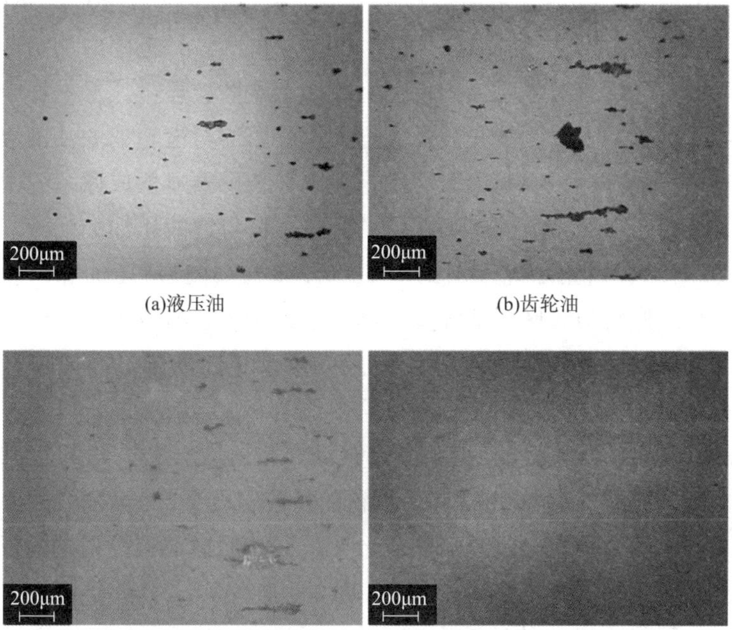

(a)液压油　　(b)齿轮油

(c)汽轮机油　　(d)柴油机油

图 4－19　不同颜色润滑油样的电磁－图像型磨粒传感器反射光谱片

表 4－4　电磁－图像型磨粒传感器采样参数

参数类型	采样周期/min	沉积时间/min	磁动势/AN	冲刷流量/(mL/min)	沉积流量/(mL/min)
参数值	2.0	0.5	800	8.0	4.0

如图 4－19(a)与(b)所示，电磁－图像型磨粒传感器显微成像系统可从液压油和齿轮油中可靠获取较高成像清晰度的反射光谱片，磨粒图像的轮廓与形态特征可准确辨识，尤其在齿轮油谱片中，大磨粒颜色清晰可见。如图 4－19(c)所示，由于光线透过汽轮机油的光散射、吸收损耗增大，使得汽轮机油谱片中磨粒与背景的图像对比度降低，导致图像模糊，磨粒轮廓与形态特征辨识度不高。相比之下，如图 4－19(d)所示，柴油机油谱片中的磨粒视觉特征不可见，仅能观测到上石英窗与机械部件反射产生的杂散光图像。分析原因在于：车用柴油机油中含有大量积炭，光线无法透过油层，造成反射光谱片的图像对比度急剧减小，以至于电磁－图像型磨粒传感器无法实现磨粒显微成像。显然，随着油液颜色的加深，反射光谱片的磨粒图像可识别度逐渐减小，说明电磁－图像型磨粒传感器高质量显微成像性能下降。

为揭示上述变化机理，采用紫外可见分光光度计(仪器型号：SHIMADZU－UV3600，其光度测试误差为±0.3%)在400～650nm波长范围内测量四种油样的油液衰减系数，分析其对电磁－图像型磨粒传感器磨粒显微成像的影响。测量结果如图4－20所示，随着测试光波长的增大，液压油与齿轮油的油液衰减系数以指数形式减小，并趋近于零。电磁－图像型磨粒传感器显微成像系统中环形LED阵列的主波长为500nm，由图4－20可见，主波长附近液压油的油液衰减系数为0.415(1±0.3%)，齿轮油等于1.276(1±0.3%)，并且液压油和齿轮油谱片中心区域的磨粒图像较边缘区域清晰度更高[图4－19(a)与(b)]，表明当$C_0 \leqslant 2.0$时，电磁－图像型磨粒传感器反射光显微成像系统性能满足高质量显微成像要求，其实验测试结果与仿真结果相符。由图4－20深色曲线可见，在400～600nm波长范围内，汽轮机油的油液衰减系数在$C_0 \in [2.25, 4.0]$区间内呈无规则变化，当测试光波长为500nm时，油液衰减系数突变为2.491(1±0.3%)，无法满足$C_0 \leqslant 2.0$的全视场OLVF显微成像要求，从而造成汽轮机油的反射光谱片图像模糊，磨粒视觉特征信息难以提取[图4－19(c)]。另外，由图4－20绿色曲线可见，车用柴油机油的油液衰减系数已超出紫外可见分光光度计的测量范围，表明油液不透光情况下电磁－图像型磨粒传感器磨粒显微成像失效[图4－19(d)]。综上所述，电磁－图像型磨粒传感器显微成像系统仅适用于液压系统与齿轮箱传动系统油液的磨粒显微图像获取，能够捕获较高成像清晰度的反射光谱片，以保证在线磨损监测结果准确可靠。

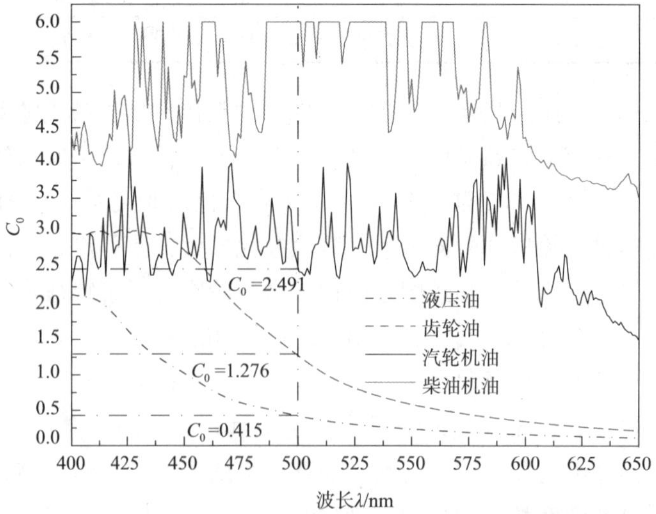

图4－20　不同颜色润滑油样的油液衰减系数曲线

4.4 本章小结

基于设计的嵌入式显微成像系统提出了电磁－图像型磨粒传感器，实现了反射光全视场磨粒图像获取。为定量评价传感器成像性能，分析了环形 LED 阵列作用下该传感器的像面均匀性，评价了不同油液条件下磨粒显微成像质量，其主要工作与得到的结论如下：

(1)分析了电磁－图像型磨粒传感器反射光显微成像，计算了油层与石英窗引起的光路偏移量，结果表明，当石英窗厚度为 0.7mm 时可忽略光路偏移量对传感器高度的影响。

(2)以像方参数和图像放大倍率表征物方视场，将物方视场区域离散化，建立了入瞳模式的反射光像面照度模型；仿真分析了像面照度均匀性。结果表明：当成像系统光学倍率为 2.0×时，电磁－图像型磨粒传感器的像面不均匀度仿真结果约为 5.60%，其实际测值为 8%～9%，仿真与实验结果基本一致，表明该传感器能够满足不均匀度≤10%的磨粒清晰成像要求。

(3)提出了电磁－图像型磨粒传感器反射光显微成像模型，在环形 LED 阵列的有效半径被设置为 6.5mm 状况下，确定了磨粒反射光显微成像的最佳光学倍率为 2.0×，以此为基础，分析计算确定了检测油样的油液衰减系数≤2 时电磁－图像型磨粒传感器可获得清晰度较高的反射光谱片图像进行磨粒探测，明确了光学参数对磨粒显微成像质量的影响规律。结果显示：光学倍率为 2.0×且油液衰减系数≤2.0 条件下，磨粒沉积于物方视场的主光轴附近，电磁－图像型磨粒传感器可获得最佳磨粒显微成像清晰度。开展了磨粒显微成像实验测试，结果表明：电磁－图像型磨粒传感器能够从油液衰减系数小于 2.0 的在用液压油和齿轮油中获取反射光谱片图像，并提取磨粒视觉信息进行磨损在线监测。

5 电磁–图像型磨粒传感器在线监测的磨粒图像识别算法与特征提取实验研究

第4章节内容基于嵌入式显微成像系统与高梯度励磁装置开发了电磁–图像型磨粒传感器，对反射光下的像面照度均匀性进行了建模分析，建立了磨粒沉积状态下电磁–图像型磨粒传感器显微成像的反射光辐照度模型，实现了磨粒显微成像清晰度定量评价。实验测试结果表明，电磁–图像型磨粒传感器适用于液压系统与齿轮传动系统在用油液的磨粒在线监测。相较于分析铁谱，电磁–图像型磨粒传感器谱片分辨率低，磨粒特征提取存在明显差异。磨损监测过程中，获取的电磁–图像型磨粒传感器谱片数量较大，为便于谱片图像存储，需减小图像分辨率。此外，为适应工业现场的在线监测环境，电磁–图像型磨粒传感器的光学成像系统结构简单紧凑，其光学倍率(约2倍)远小于铁谱显微镜倍率，在此条件下获得的谱片分辨率较低，磨粒特征信息提取困难。

机械传动系统中润滑油的搅动会产生大量气泡，这种现象是普遍存在的，加之气泡干扰造成光照均匀性降低。如图5–1所示，运用电磁–图像型磨粒传感器对机械传动系统的进行在线取样分析时，气泡流经该传感器视场区域时表现为动态变化的干扰阴影。图5–2(a)~(c)为透射光下采用电磁–图像型磨粒传感器所捕获的具有干扰阴影的透射光谱片，图5–2(d)~(f)为运用传统二值化方法处理透射光谱片得到的结果。由图可知，传统算法难以消除透射光谱片中的干扰阴影，阴影被错误地识别为磨粒，导致提取的磨粒浓度特征误差大。反射光下运动气泡导致光线发生折射，造成反射光沉积谱显微成像的像面照度不均匀。图5–3(a)~(c)为反射光下采用电磁–图像型磨粒传感器所捕获的反射光谱片图像，图5–3(d)~(f)为运用传统二值化方法处理反射光谱片获得的结果。由此可见，传统算法也无法消除反射光谱片中的光照不均匀干扰阴影，阴影被误判为磨粒同样造成磨粒浓度特征提取不准确。磨损在线监测中，磨粒浓度是反映磨损量的最重要指标[185–187]，IPCA(Index of Particle Coverage Area)能够反映油液中的磨粒浓度变化，可由电磁–图像型磨粒传感器谱片的二值化图像提取。

(a)无干扰阴影　　(b)有干扰阴影

图 5－1　干扰阴影对透射光谱片的影响

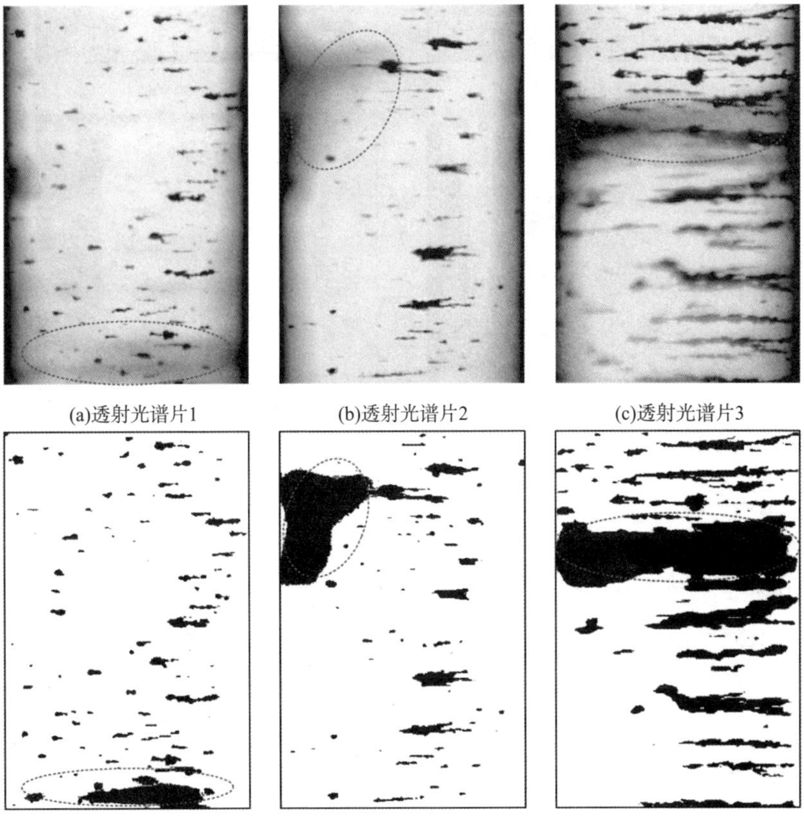

(a)透射光谱片1　　(b)透射光谱片2　　(c)透射光谱片3

(d)谱片1的二值化　　(e)谱片2的二值化　　(f)谱片3的二值化

图 5－2　透射光谱片及二值化处理[(a)～(c)透射光谱片；(d)～(f)传统二值化方法处理结果]

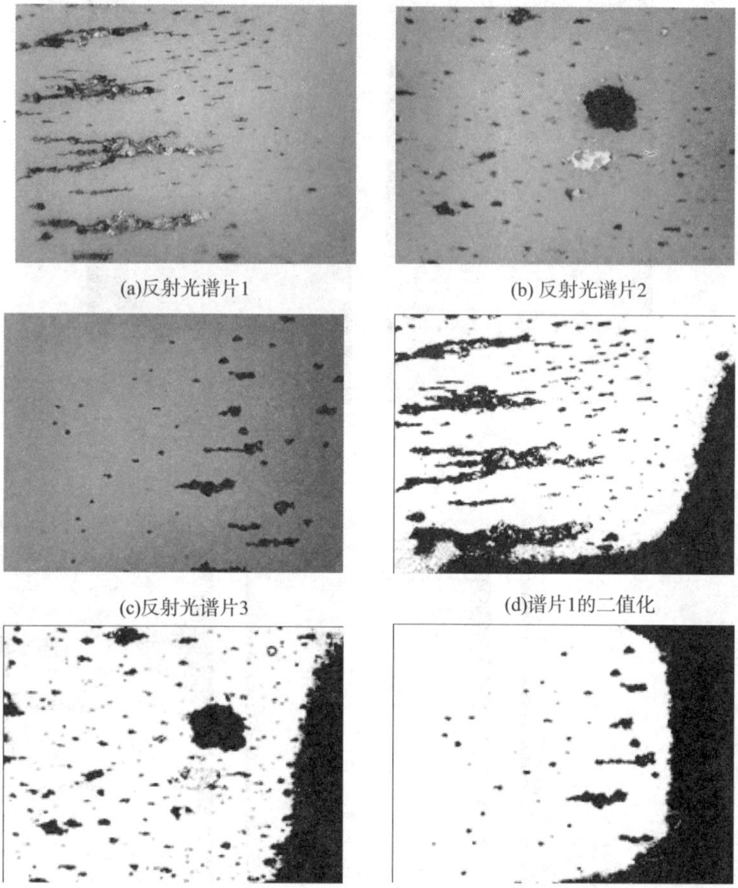

(a)反射光谱片1　(b) 反射光谱片2

(c)反射光谱片3　(d)谱片1的二值化

(e)谱片2的二值化　(f)谱片3的二值化

图 5 - 3　反射光谱片及二值化处理[(a) ~ (c)反射光谱片；(d) ~ (f)传统二值化方法处理结果]

本章针对电磁 - 图像型磨粒传感器在线监测的需求，研究了干扰阴影状态下适用于电磁 - 图像型磨粒传感器透射光与反射光谱片二值化及磨粒浓度特征提取算法，为电磁 - 图像型磨粒传感器的磨损在线监测奠定了技术基础。对于透射光谱片二值化，首先提出了基于均匀离散曲波变换(Uniform Discrete Curvelet Transform，UDCT)的透射光谱片抗干扰二值化算法，提高二值化精度，为磨粒浓度特征提取奠定基础。对于反射光谱片二值化，首先提出基于亮度饱和度增强的磨粒图像增强算法，构建亮度和饱和度空间增强函数对增强磨粒图像，采用 H - minima 变换抑制增强磨粒图像中的极值干扰，运用分水岭变换分割反射光谱片中的磨粒与背景，以实现反射光谱片二值化。

针对电磁－图像型磨粒传感器的实际应用需求，提出了基于平均功率谱计算的反射光源电流强度设置方法，用于获得磨粒最佳显微成像效果；设计了电磁－图像型磨粒传感器实验测试系统，开展磨粒浓度监测实验，从不同磨粒浓度的油样中分别获取同一磨粒沉积谱的透射光与反射光谱片，并提取磨粒浓度指标 IPCA，对比透射光 IPCA 与反射光 IPCA 计算结果，分析判断电磁－图像型磨粒传感器监测磨粒浓度变化的有效性；获取透光率存在差异的工程油样磨粒反射光沉积谱，分析油液透光率对传感器成像性能的影响，确定了电磁－图像型磨粒传感器的工程应用范围。

5.1 基于 UDCT 的电磁－图像型磨粒传感器透射光谱片二值化算法

5.1.1 图像的多尺度分解

从不同距离观察一个物体获得的信息不同，远距观察可获得轮廓和形状等特征，近距离观察可获得结构纹理等细节特征。获得物体特定的信息需选择恰当的尺度[188]。图像处理中，通常需要在合适的尺度上提取图像特征，但难以事先确定分析尺度，所以，需要在多个尺度上对图像进行分析，提取图像特征[189]。

1987 年 Mallat[190]将传统数字滤波器和小波理论相结合，提出了数据多分辨率分析的概念。小波能够对一维分段光滑函数进行稀疏表达，但二维小波的基支撑域为方形，只有水平、垂直和对角三个方向，逼近二维曲线时，随着尺度变细不可忽视的非零小波系数的数目呈指数增长，难以对图像进行稀疏表达。运用二维小波分析磨粒图像，可能造成边缘信息的丢失。对图像进行多尺度变换，较理想的基函数支撑域为长条形，长条形支撑域具有更多的方向性，基函数具有各向异性，如此可用少量的系数来逼近二维奇异曲线。为克服小波变换在二维图像处理方面的不足，1998 年，Candes[191]提出了脊波变换(Ridgelet Transform)。脊波变换具有各向异性，能够对二维或高维“直线奇异”数据进行最优逼近。但对于存在曲线奇异的数据，其性能仅相当于小波变换。为克服脊波变换的缺点，2000 年，Donoho 等[192]提出了曲波变换(Curvelet Transform)。曲波变换引入了方向参数，更适用于具有丰富边缘信息的图像多尺度分析，但其实质上是一种多尺度的脊波变换，实现过程复杂，数据冗余度较大。2005 年，Donoho 等[193]提出了快速离散曲波变换(Fast Discrete Curvelet Transform，FDCT)，FDCT 舍弃了脊波变换，在频域直接给出了 Curvelet 变换的具体表达形式，简化了实现过程，减小了数据冗余。FDCT 的图像多尺度分解过程为：首先，对图像进行快速傅里叶变换；然后，运用定义的楔形方向滤波器组对频域数据进行重采样；最后，不同尺度、不同方向的 Curvelet 变换子代系数由快速傅里叶逆变换得到。2010 年，Nguyen 等[194]提出了均匀离散曲波变换(Uniform Discrete Curvelet Transform，UDCT)，该变换的主要思想来源于 FDCT 和基于滤波器组的 Contourlet 变换，它的实现主要是基于 FFT 算法，但其曲波函数的设计方式却按照了多尺度的滤波器组结构。相比 Contourlet 变换，UDCT 具有更好的频率响应，相比 FDCT，该变换具有更低的系数冗余，而且其实现方式也较简单，更适合工程应用。本章采用 UDCT 对电磁 - 图像型磨粒传感器所捕获的透射光谱片进行多尺度分析，提出透射光谱片抗干扰二值化方法。

5.1.2 均匀离散曲波变换

(1)UDCT 的窗函数

实现 UDCT 的重点是构造符合要求的窗函数。UDCT 定义 $2N+1$ 个光滑的曲波窗函数 $u_l(\boldsymbol{\omega})$，$l=0, 1, \cdots, N$ 对频域进行划分，其中 $\boldsymbol{\omega}$ 表示(ω_1, ω_2)。窗函数组满足以下准则：

①所有窗函数在 ω_1 和 ω_2 方向均以 2π 为周期，$u_l(\boldsymbol{\omega})$定义域为$(-\pi, \pi)^2$；

②$u_0(\boldsymbol{\omega})$为方形低通滤波窗，如图 5 - 4(a)所示，支撑域为$[-\pi/2, \pi/2]^2$；

③其余 $2N$ 个窗函数的支撑域为楔形，如图 5 - 4(b)所示；

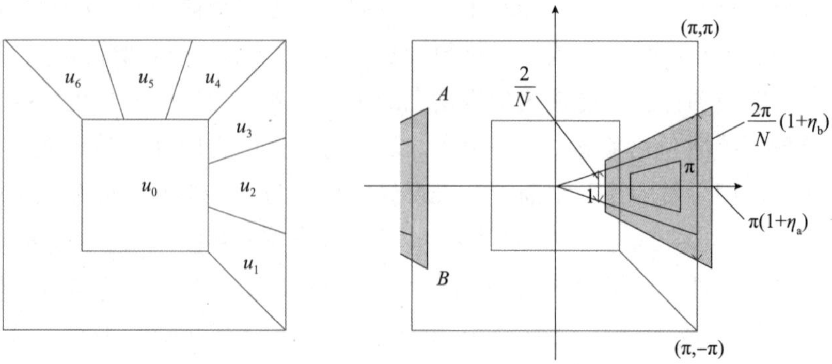

(a)$u_1(\omega)$的支撑域　　(b)$u_2(\omega)$的支撑域

图 5 - 4　UDCT 窗函数的频域支撑

④$u_l(\boldsymbol{\omega})$为光滑紧支撑函数，中心区域值为1，过渡区域宽度依赖于参数η_a和η_b；

⑤楔形窗函数的最宽部分小于2π的整数分之一；

⑥ $u_0(\boldsymbol{\omega}) + \sum_{l=1}^{2N}[u_l(\boldsymbol{\omega}) + u_l(-\boldsymbol{\omega})] = 1$。

满足上述六个条件的二维窗函数$u_l(\boldsymbol{\omega})$由以下步骤构造：定义一维投影函数$\beta(t)$，该函数在[-1，1]范围内由0光滑过渡到1；基于$\beta(t)$构造2个同心平滑的方形窗函数和$2N$个角度窗函数；引入参数η_a和η_b分别控制$u_0(\boldsymbol{\omega})$和$u_l(\boldsymbol{\omega})$的过渡带宽度，减小冗余度。$u_0(\boldsymbol{\omega})$为两个一维函数相乘，$u_l(\boldsymbol{\omega})$由方形窗函数和$2N$个角度函数相乘构造。

一维光滑投影函数$\beta(t)$在[-1，1]满足以下条件：

$$\begin{cases}\beta(t)=1 & t\geqslant 1\\ \beta(t)=0 & t\leqslant -1\\ \beta^2(t)+\beta^2(-t)=1 & -1<t<1\end{cases} \tag{5-1}$$

如图5-5(a)所示，可构造一个满足条件的函数$\beta(t)$为

$$\beta^2(t) = -\frac{5}{32}t^7 + \frac{21}{32}t^5 - \frac{35}{32}t^3 + \frac{35}{32}t + \frac{1}{2} \quad t\in[-1, 1] \tag{5-2}$$

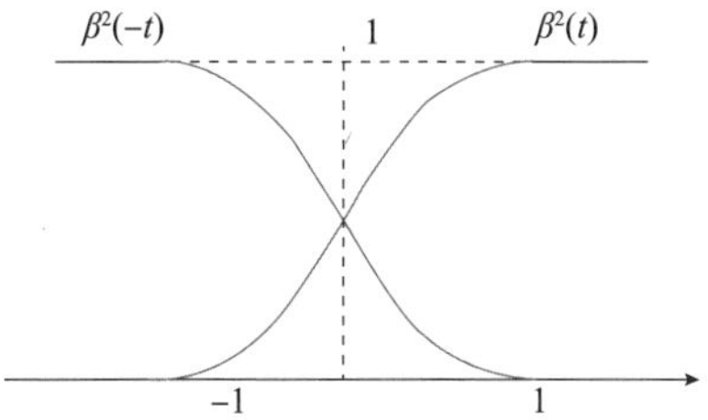

(a)函数$\beta^2(t)$

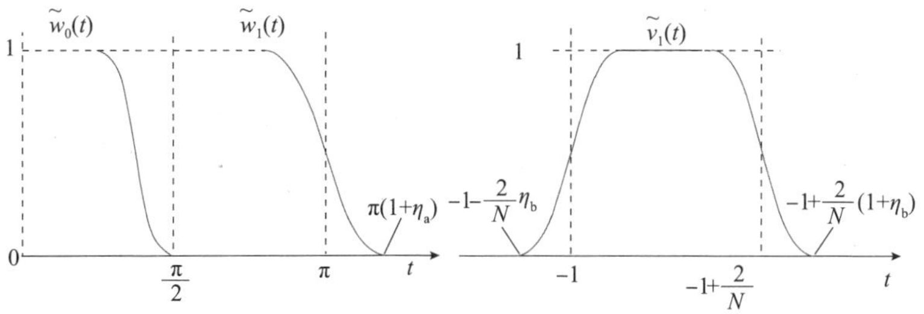

(b)函数$\widetilde{w}_0(t)$与$\widetilde{w}_1(t)$　　(c)函数$\widetilde{v}_1(t)$

图5-5　UDCT窗函数的构造

由 $\beta(t)$ 定义如图 5－5(b) 所示的低通窗函数 $w_0(\boldsymbol{\omega})$ 和带通窗函数 $w_1(\boldsymbol{\omega})$。$\tilde{w}_1(t)$ 以 $\eta_a(\eta_a<0.5)$ 为参数，表达式为

$$\tilde{w}_1(t)=\beta\left(\frac{\pi-|t|}{\pi\eta_a}\right) \tag{5-3}$$

$\tilde{w}_0(t)$ 的支撑域为 $\left[-\frac{\pi}{2},\ \frac{\pi}{2}\right]$，由 $\tilde{w}_1(t)$ 缩放得到

$$\tilde{w}_0(t)=\tilde{w}_1[2t(1+\eta_a)] \tag{5-4}$$

由此，低通窗函数 $w_0(\boldsymbol{\omega})$ 和带通窗函数 $w_1(\boldsymbol{\omega})$ 的表达式为

$$w_0(\boldsymbol{\omega})=\tilde{w}_0(\omega_1)\tilde{w}_0(\omega_2) \tag{5-5}$$

$$w_1(\boldsymbol{\omega})=[1-w_0^2(\boldsymbol{\omega})]^{1/2}\tilde{w}_1(\omega_1)\tilde{w}_1(\omega_2) \tag{5-6}$$

同理，由 $\beta(t)$ 构造角度窗函数，首先定义一维函数角度

$$\tilde{v}_1(t)=\beta\left(\frac{2/N-1-t}{2\eta_b/N}\right)\beta\left(\frac{t+1}{2\eta_b/N}\right) \tag{5-7}$$

$$\tilde{v}_l(t)=\tilde{v}_1[t-2(l-1)/N] \tag{5-8}$$

式中，$\eta_b\leqslant 0.5$；$l=2,\ \cdots,\ N$。

如图 5－5(c) 所示，$\tilde{v}_1(t)$ 的支撑域为 $[-1,\ -1+2/N]$，过渡带宽度由参数 η_a 控制，$\tilde{v}_l(t)$ 由 $\tilde{v}_1(t)$ 平移 $2(l-1)/N$ 得到。如图 5－6 所示，定义角度映射函数 $T(\theta)$，将 $\tilde{v}_l(t)$ 转换为极坐标函数，将角度 θ 范围 $(-\pi/2,\ \pi/2)$ 映射到区间 $(-2,2)$。

$$T(\theta)=\begin{cases}\tan(\theta), & -\pi/4\leqslant\theta\leqslant\pi/4\\ 2-\tan(\pi/2-\theta), & \pi/4<\theta\leqslant\pi/2\\ -2-\tan(\pi/2-\theta), & -\pi/2\leqslant\theta<-\pi/4\end{cases} \tag{5-9}$$

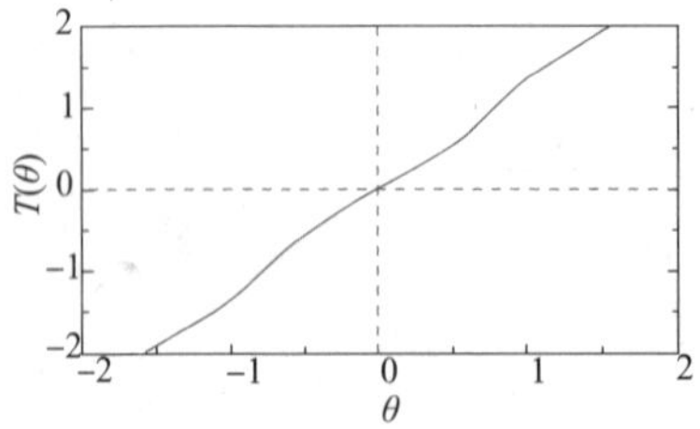

图 5－6　$T(\theta)$ 函数

则极坐标下的 N 个角度函数 $v_l(\theta)$ 为

$$v_l(\theta)=\tilde{v}_l[T(\theta)]\quad l=1,\ \cdots,\ N \tag{5-10}$$

其余的 N 个角度函数由 $v_l(\theta)$ 绕 $\pi/4$ 翻转求得

$$v_l(\theta)=v_{2N+1-l}(\pi/2-\theta),\quad l=N+1,\ \cdots,\ 2N \tag{5-11}$$

在极坐标中，$2N$ 角度函数 $v_l(\theta)$ 的大小仅由角度值 θ 确定，可以用 $v_l(\boldsymbol{\omega})$ 代替 $v_l(\theta)$。由以上低通窗函数 $w_0(\boldsymbol{\omega})$、带通窗函数 $w_1(\boldsymbol{\omega})$ 和角度函数 $v_l(\boldsymbol{\omega})$ 构造曲波窗函数 $u_l(\boldsymbol{\omega})$。其中，方形低通滤波窗 $u_0(\boldsymbol{\omega})$ 由周期化的 $w_0(\boldsymbol{\omega})$ 构造，表达式为

$$u_0(\boldsymbol{\omega}) = \sum_{\boldsymbol{n} \in Z^2} w_0(\boldsymbol{\omega} + 2\boldsymbol{n}\pi) \tag{5-12}$$

定义二维平面楔形方向函数 $\tilde{u}_l(\boldsymbol{\omega})$ 为

$$\tilde{u}_l(\boldsymbol{\omega}) = v_l(\boldsymbol{\omega}) w_l(\boldsymbol{\omega}),\ l = 1,\ 2,\ \cdots,\ 2N \tag{5-13}$$

则 $2N$ 楔形曲波窗函数 $u_l(\boldsymbol{\omega})$ 由周期化的平面楔形方向函数构造，表达式为

$$u_l(\boldsymbol{\omega}) = \sum_{\boldsymbol{n} \in Z^2} \tilde{u}_l(\boldsymbol{\omega} + 2\boldsymbol{n}\pi), l = 1, \cdots, 2N \tag{5-14}$$

(2) UDCT 的频域滤波器组

令 $N = k \cdot 2^n$，k 为正整数。由定义的窗函数 $u_l(\boldsymbol{\omega})$，$l = 0,\ 1,\ \cdots,\ 2N$ 构造 UDCT 的频域滤波器组，其中包括一个低通滤波器和 $2N$ 个高频方向滤波器。$2N+1$ 个滤波器定义为：

$$\begin{cases} F_0(\boldsymbol{\omega}) = 2u_0(\boldsymbol{\omega}) \\ F_l(\boldsymbol{\omega}) = 2^{\frac{n+3}{2}} u_l(\boldsymbol{\omega}),\ l = 1,\ \cdots,\ 2N \\ G_l(\boldsymbol{\omega}) = F_l(\boldsymbol{\omega}) \end{cases} \tag{5-15}$$

式中，$F_0(\boldsymbol{\omega})$ 为低通滤波器；$F_l(\boldsymbol{\omega})$ 为方向滤波器；$G_l(\boldsymbol{\omega})$ 为重构滤波器，与方向滤波器具有相同的形式。

窗函数 $u_l(\boldsymbol{\omega})$ 对应的楔形区域的最大宽度小于 $\pi/2^n$。滤波器组对应的采样矩阵为

$$\begin{cases} D_0 = \text{diag}\{2,\ 2\}, & l = 0 \\ D_1 = \text{diag}\{2,\ 2^{n+1}\}, & l = 1,\ \cdots,\ N \\ D_2 = \text{diag}\{2^{n+1},\ 2\}, & l = N+1,\ \cdots,\ 2N \end{cases} \tag{5-16}$$

UDCT 的滤波器组的具体结构如图 5-7 所示，输入信号 $x(\boldsymbol{n})$ 经过滤波器分解，经下采样获得各子带系数；子带系数经上采样和重构滤波器后相加，保留实数部分得到输出信号 $y(\boldsymbol{n})$。UDCT 分解得到的各子带系数值为复数，重构时只需保留各子代带输出系数的实数部分。UDCT 中的滤波器组是周期为 2π 的周期函数，为避免下采样时产生频率混叠，窗函数参数 η_a 和 η_b 需满足

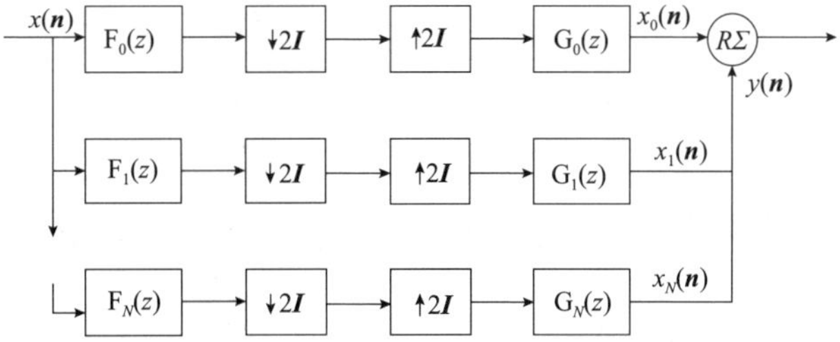

图 5-7　UDCT 的滤波器组结构

$$\begin{cases}0<\eta_a\leqslant(\sqrt{17}-3)/4\\0<\eta_b\leqslant 0.5\\2(1+\eta_a)(1+2\eta_b)\leqslant k\end{cases}\tag{5-17}$$

本书采用 $N=3\cdot 2^n$，$\eta_a=\eta_b=0.15$ 来进行均匀离散曲波分解。

UDCT 通过重复在低频数据运用式(5-15)和式(5-16)所示的滤波器组和采样矩阵实现图像的多尺度、多方向分解。通常，由多采样分析中的"等效易位关系(the equivalent relation of position-swapping)"，将多个滤波器组和采样矩阵等效为一个滤波器组和采样矩阵。等效低通滤波器 $\hat{F}_0(\boldsymbol{\omega})$ 和等效方向滤波器组 $\hat{F}_{j,l}(\boldsymbol{\omega})$ 分别为：

$$\hat{F}_0(\boldsymbol{\omega})=\begin{cases}2^{J-1}F_0(2^{J-1}\boldsymbol{\omega}),\ |\omega_1|,\ |\omega_2|<\pi/2^J\\0,\ \pi/2^J\leqslant|\omega_1|,\ |\omega_2|<\pi\end{cases}\tag{5-18}$$

$$\hat{F}_{j,l}(\boldsymbol{\omega})=\begin{cases}2^{J-j-1}F_l^{(j)}(2^{J-j}\boldsymbol{\omega})F_0^{(j+1)}(2^{J-j-1}\boldsymbol{\omega}),\ |\omega_1|,\ |\omega_2|<\pi/2^{J-j}\\0,\ \pi/2^{J-j}\leqslant|\omega_1|,\ |\omega_2|<\pi\end{cases}\tag{5-19}$$

时域中的卷积滤波等同于频域中的乘法运算，则 UDCT 的具体实现过程如图 5-8 所示，UDCT 正变换中，首先输入信号经 FFT 变换得到频域数据，然后，与各子代等效滤波器 $\hat{F}_{j,l}(\boldsymbol{\omega})$ 相乘，根据采样矩阵，将输出数据围绕成矩形块，最后，经 IFFT 变换得到各子代 UDCT 系数。UDCT 逆变换过程与正变换相反。

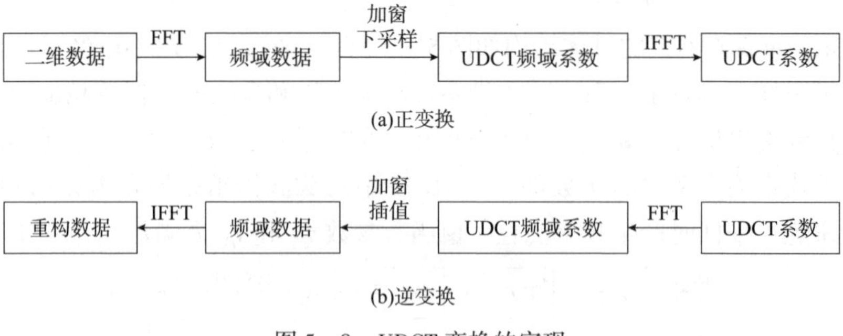

图 5-8 UDCT 变换的实现

5.1.3 基于均匀曲波变换的铁谱图像多尺度分解及特征分析

UDCT 对透射光谱片进行多尺度、多方向分解。相较于图像小波分解，

UDCT 不仅具有垂直、水平和对角三个方向信息，而且还具有更丰富的方向信息。UDCT 将透射光谱片分解为低频和中高频部分。UDCT 能量主要集中于低频系数上，低频系数主要反映了谱片的概况。中高频系数主要反映谱片中磨粒的边缘特征信息，这些边缘特征具有多方向性。对图 5－2(a)所示的谱片灰度化后，进行六层 UDCT($N=3\cdot 2^n$，$\eta_a=\eta_b=0.15$)。在只保留 UDCT 单层系数的同时将其余各层系数置零，并对图像进行重构处理，得到重构谱片的灰度等高图，如图 5－9 所示。由图可知，干扰阴影为低频信号，其能量主要集中于 UDCT 的低频系数中。

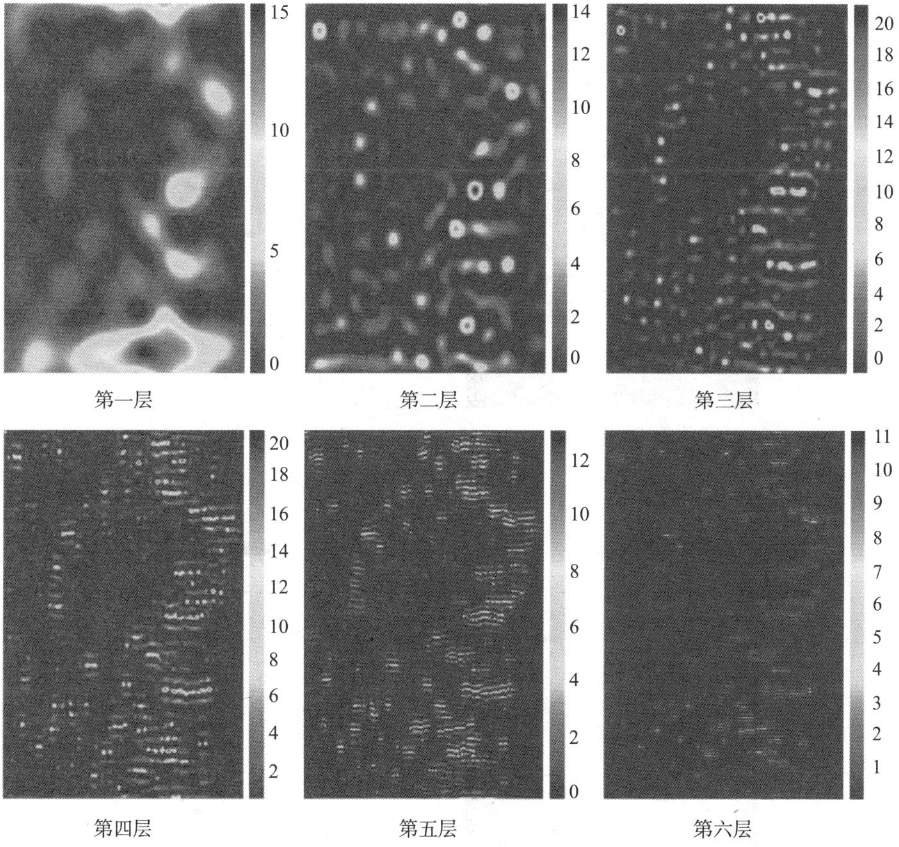

图 5－9　UDCT 单层系数重构的灰度等高图

如图 5－10 所示，去除图 5－10(a)UDCT 分解后的低频系数，谱片中的干扰阴影可以被有效地去除。但当谱片中存在尺寸较大的颗粒时[图 5－11(a)]，大颗粒覆盖的区域灰度值变化较小，UDCT 分解后大颗粒的能量主要被分解到低频系数中，这可能与低频的干扰阴影相混淆。此时，去除低频系数后，大颗粒中部由于能量的损失产生孔洞，得到错误的二值化结果[图 5－11(b)]。当谱片中磨损颗粒尺寸较小时，磨粒图像包含的低频信息较少，此时去除 UDCT 分解后的低频系数重构谱片可以有效地去除干扰阴影，而不影响磨粒的图像特征，但当谱片中的磨粒尺寸较大时，磨粒图像包含的低频信息较多，此时去除 UDCT 分解后的低频系数重构谱片，由于磨粒的图像特征损失较大，无法去除干扰阴影。消除谱片中的干扰阴影，不能简单地去除 UDCT 的低频系数，应该对低频系数进行一定程度的抑制和变换。

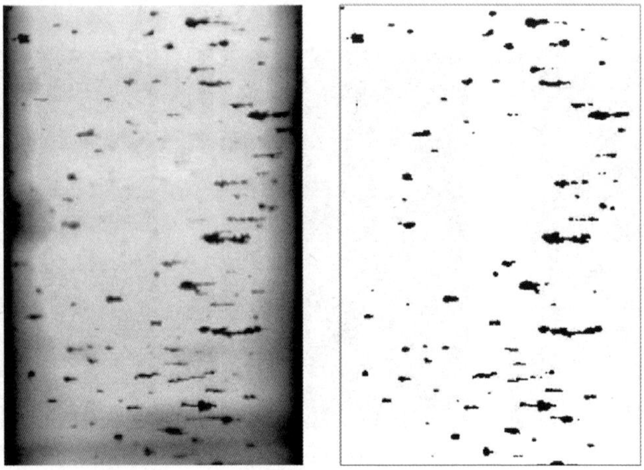

(a)OLVF谱片　　(b)二值化图片

图 5－10　去除低频 UDCT 系数后的结果

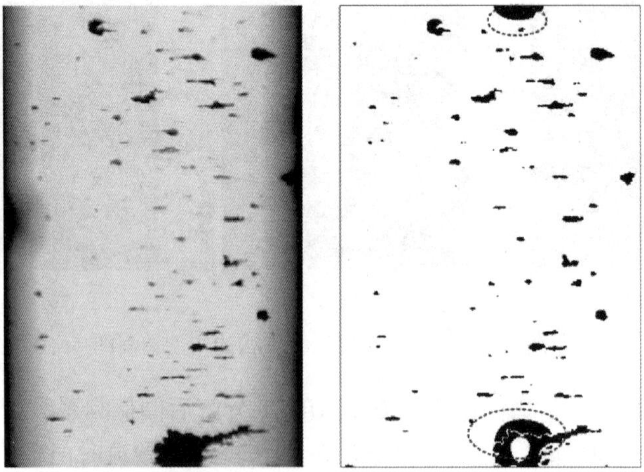

(a)OLVF谱片　　(b)二值化图片

图 5－11　存在大磨粒的谱片除低频 UDCT 系数后的结果

5.1.4 基于均匀曲波变换的铁谱图像的非线性增强

采用非线性函数处理 UDCT 变换的低频系数，消除干扰阴影。非线性函数[195]定义

$$f(x)=\frac{\mathrm{sigm}[c(x-b)]-\mathrm{sigm}[-c(x+b)]}{\mathrm{sigm}[c(1-b)]-\mathrm{sigm}[-c(1+b)]} \tag{5-20}$$

式中，$\mathrm{sigm}(x)=\frac{1}{1+\exp(-x)}$；$b$ 为输入量分段阈值，$0<b<1$；c 为增强速率控制系数。本章运用分段非线性函数对均匀离散曲波变换得到的子代系数进行变换。

(1)高频去噪

高频子带系数可反映透射光谱片的细节及边缘特征，包含了噪声。对该部分均匀离散曲波变换的系数进行调整，实现透射光谱片的降噪处理。分段非线性调整函数为

$$y=\begin{cases}s\cdot f(x), & x\geqslant T\\ 0, & x<T\end{cases} \tag{5-21}$$

式中，$x=|C(i,j)|Max$；$T=\lambda\cdot\sigma$，$\lambda=3\sim4$，噪声评估参数 $\sigma=\mathrm{median}[|C(i,j)|/0.6745]$。图 5-12 为 $b=0.5$、$c=5$、$T=0.4$、$s=1$ 时的高频分段调整函数。调整后的高频子代系数为 $C_{\mathrm{Hnew}}(i,j)=Max\cdot y$。

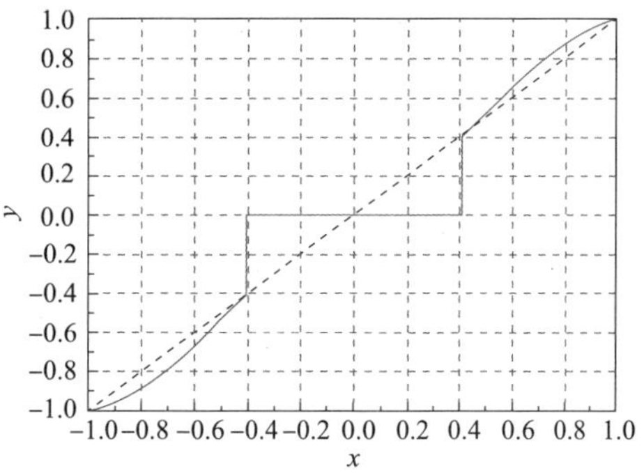

图 5-12 高频非线性调整函数

(2)低频抑制

干扰阴影表现为低频，对低频子代系数的处理是关键。为抑制干扰阴影，需对低频子代系数进行抑制。采用分段非线性函数对低频子代系数进行处理。

$$y=\begin{cases}s_1\cdot f(x,c_1), & x\geqslant b\\ s_2\cdot f(x,c_2), & x<b\end{cases} \tag{5-22}$$

式中，$x=|C(i,j)|/Max$；$b=\left[\frac{1}{M\cdot N}\sum_{i=1}^{M}\sum_{j=1}^{N}|C(i,j)|\right]/Max$，$C(i,j)$为均匀离散曲波变换得到的系数，$Max$ 为 $C(i,j)$的最大绝对值，M 和 N 为矩阵维度。为保证分段函数的连续性，$s_2=s_1\cdot f(b,c_1)/f(b,c_2)$。则调整后的低频子代系数为 $C_{\mathrm{Lnew}}(i,j)=Max\cdot y$。

参数 c_1、s_1、c_2 和 s_2 对影响分段非线性函数具有重要影响，从而对干扰阴影的抑制效果产生重要影响。图 5－13 为不同参数下的分段非线性函数。由图可知，分段非线性函数对 s_1 最为敏感，对 c_1 和 c_2 不敏感。

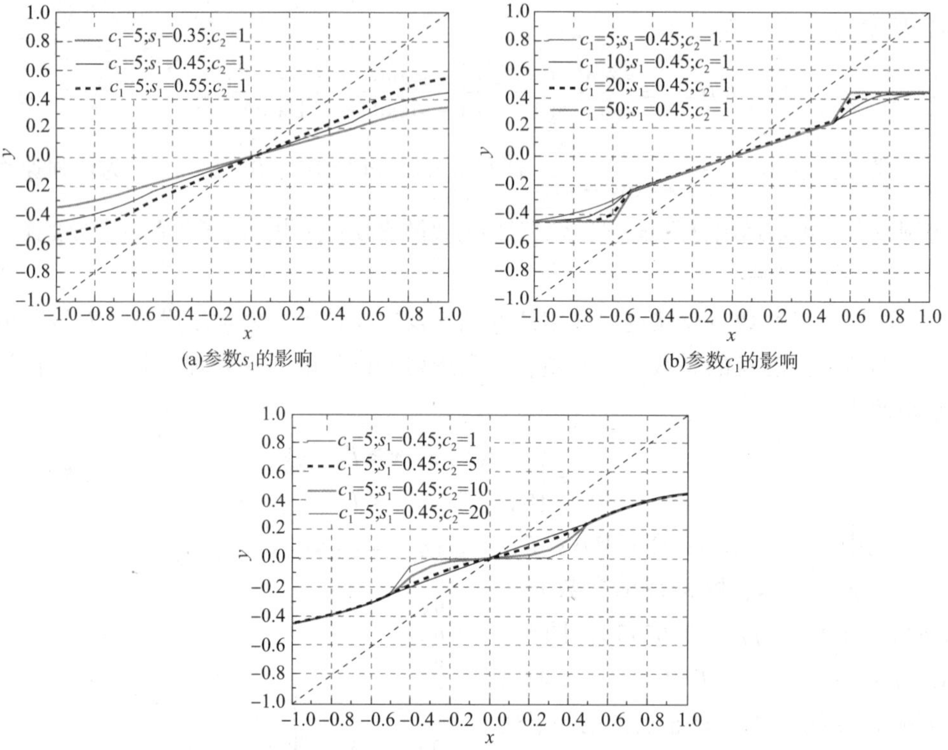

(a)参数 s_1 的影响　(b)参数 c_1 的影响

(c)参数 c_2 的影响

图 5－13　低频非线性调整函数

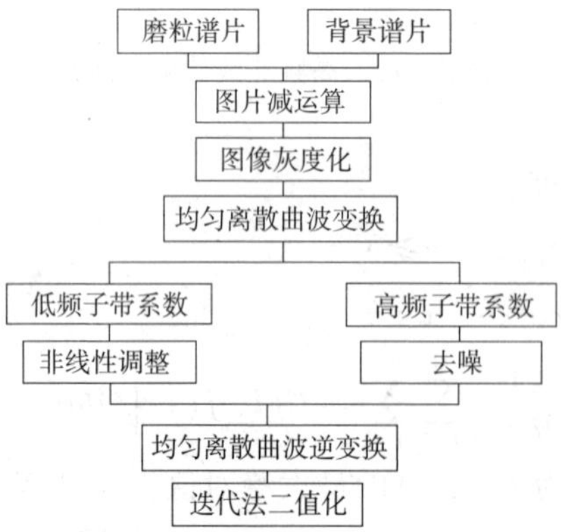

图 5－14　基于均匀离散曲波变换的谱片二值化

基于 UDCT 的透射光谱片抗干扰二值化算法流程如图 5－14 所示，具体步骤如下：

①由透射光谱片和背景谱片相减并灰度化得到消除背景干扰的透射光谱片；

②对消除背景干扰后的透射光谱片进行均匀离散曲波变换得到一系列高频和低频子代系数；

③对低频子代系数进行分段非线

性变换，对低频的干扰阴影能量进行抑制，对高频子代指数进行阈值去噪处理，其余各子代系数保持不变；

④各子代系数进行均匀离散曲波逆变换，得到抑制干扰阴影后的透射光谱片；

⑤用自动阈值迭代法对处理后的透射光谱片进行二值化处理。

5.1.5 实验结果与对比分析

分别采用 Otsu 法、Kittler 法、Niblack 法和迭代法与本书二值化方法作对比。本书方法选取的计算参数为 $c_1=5$、$s_1=0.45$、$c_2=1$。如图 5－15(a)所示，透射光谱片存在暗灰色云朵状的干扰阴影，Otsu 法和迭代法的结果相似，能够对谱片中的大部分磨粒进行识别，但谱片底部的干扰阴影被错误地识别为磨粒。Kittler 法对于低对比度的图像具有良好的识别能力，导致将图 5－15(a)中不易被察觉的阴影被错误地识别为磨粒，其二值化结果不能反映谱片中磨粒真实的形态，谱

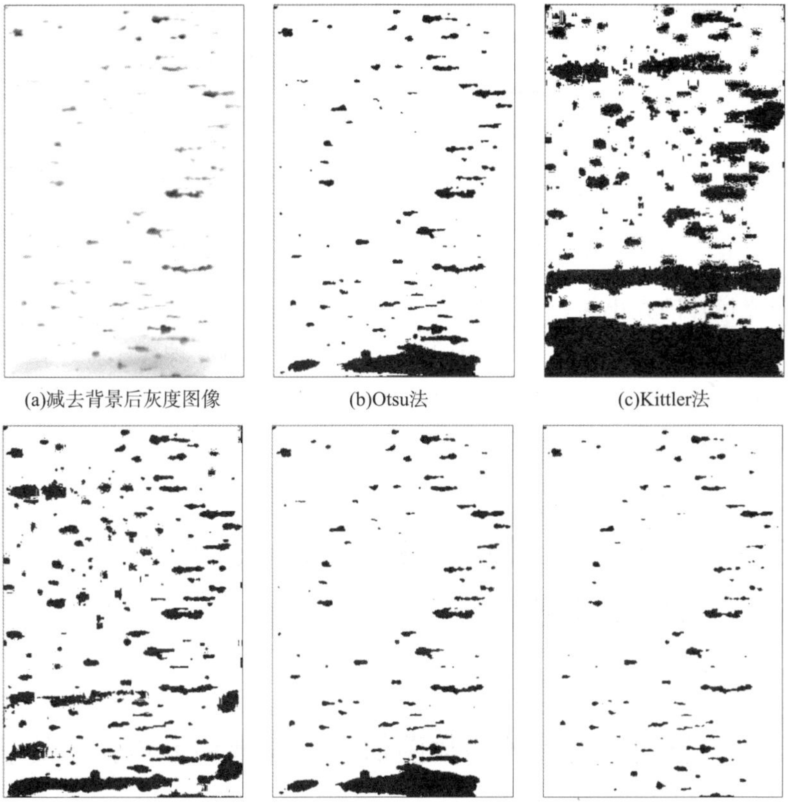

(a)减去背景后灰度图像　(b)Otsu法　(c)Kittler法

(d)Niblack法　(e)自动阈值迭代法　(f)木文方法

图 5－15　高干扰透射光谱片不同二值化方法处理结果对比

片中存在暗灰阴影的部分几乎完全被视为磨粒，此外，二值化后的谱片中引入了大量的高频噪声。Niblack 法结果存在对谱片进行膨胀的效果，二值化后的磨粒形态上与实际存在差异，谱片底部局部干扰阴影被错误地识别为磨粒。图 5－15(f) 为采用本书方法得到的结果，暗灰的干扰阴影被有效去除，磨粒图像的边缘清晰，与实际的磨粒形态更为接近。

对图 5－2(b)(c) 干扰阴影的谱片都能进行较好的二值化处理，结果如图 5－16 所示。

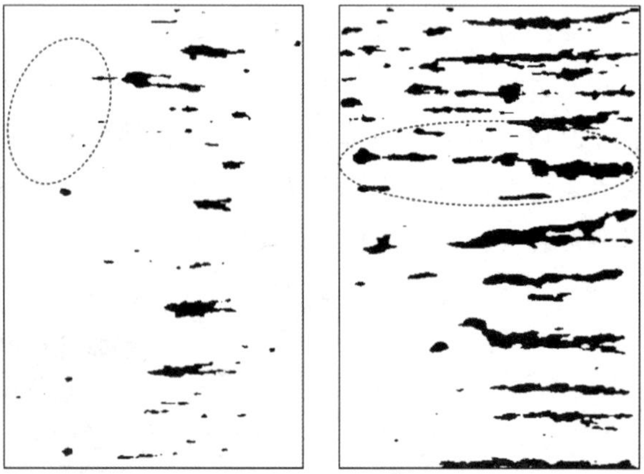

(a)谱片2的二值化　　(b)谱片3的二值化

图 5－16　高干扰透射光谱片的二值化结果

透射光谱片的大小为 640 像素 ×480 像素，沉积区域的尺寸约为 300 像素 ×480 像素，在 Visual studio 2010 环境下运用 C#语言实现处理程序。计算机处理器为 2.1GHz，内存 2G。处理图 5－2 所示的三张谱片所需时间的均值为 700ms，实时性较好，能够满足电磁－图像型磨粒传感器在线取样分析的要求。

5.2　基于分水岭与 H－minima 变换的反射光谱片二值化算法

5.2.1　反射光谱片的磨粒图像亮度与饱和度增强预处理

电磁－图像型磨粒传感器反射光谱片二值化之前需对磨粒图像进行增强预处理，以至于调节反射光谱片亮度，提高磨粒图像清晰度，为磨粒图像与背景精确分割及谱片二值化奠定基础。如图 5-3 所示，可提取灰度特征进行磨粒与背景分割，磨粒的颜色特征是分割过程中的关键性因素[196]。然而，该反射光谱片的图像对比度较低且色彩差异不明显，势必造成颜色信息磨粒特征提取难度加大。润滑油污染度不同的会引起磨粒沉积区域的光照均匀性存在差异，加之油液与污染物自身的光散射作用，以及电磁-图像型磨粒传感器光路中机械部件反射产生的杂散光干扰，将使得反射光谱片的磨粒显微成像质量进一步降低，造成反射光谱片中磨粒浓度特征提取困难。所以，反射光谱片二值化处理之前，进行磨粒图像增强的预处理是十分必要的。

为解决上述问题，本书提出一种基于亮度和饱和度增强的反射光谱片磨粒图像增强算法。首先，将谱片图像由 RGB 空间转换为 HSI(Hue Saturate Intensity)空间(即色度、饱和度、亮度空间)，然后构建增强函数分别对磨粒图像的亮度和饱和度进行增强，以得到清晰的磨粒轮廓特征。将增强亮度和饱和度空间磨粒图像与色度空间磨粒图像进行合并，并再次转换为 RGB 空间图像。最后，运用双边滤波去噪降低反射光谱片中的部分噪声干扰，其磨粒图像增强算法的流程图如图 5-17 所示。

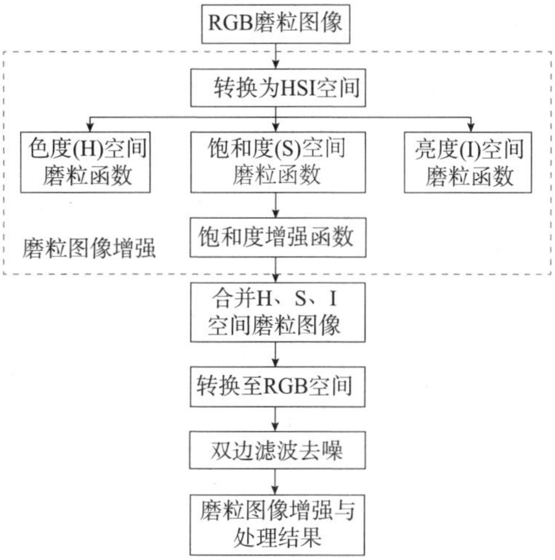

图 5-17　反射光谱片的磨粒图像增强算法流程图

反射光谱片的磨粒图像中存在过亮和过暗区域主要是由于亮度不均匀引起的。为了提高反射光谱片中磨粒与背景的图像对比度，需要增强磨粒图像亮度。以图 5-3(a)为处理对象，首先将反射光谱片图像由 RGB 空间转化为 HSI 空间图像，如图 5-18(a)所示。然后，构建具备连续性可导的亮度增强函数，将原反射光谱片图像亮度和其亮度均值之差值与权重系数的乘积用于补偿谱片图像低亮度区域，以原始反射光谱片图像饱和度和其饱和度均值之差值与权重系数的乘积用于削弱谱片图像高亮度区域，从而均衡谱片图像亮度。所构建的亮度增强函数可表示为

$$I_{\mathrm{enhv}} = I_{\mathrm{v}} + k_1(I_{\mathrm{v}} - \bar{I}_{\mathrm{v}}) - k_2(I_{\mathrm{s}} - \bar{I}_{\mathrm{s}}) \tag{5-23}$$

式中，I_{enhv} 为经增强处理的图像亮度；I_{v} 为原图像空间亮度；I_{s} 为原图像空

间饱和度；$\bar{I}_v$ 为亮度均值；$\bar{I}_s$ 为饱和度均值；k_1 和 k_2 分别为权重系数。采用公式(5－23)对图5－18(a)进行亮度增强与饱和度调整，为获得最佳增强效果，权重系数取值分别为 $k_1=3$ 和 $k_2=2$，处理结果如图5－18(b)所示。由图可见，反射光谱片图像整体的亮度更为均衡，高亮区域和低亮度区域的亮度差异减小，磨粒轮廓特征清晰可见，同时，背景图像的光照不均匀噪声干扰也得以有效抑制。

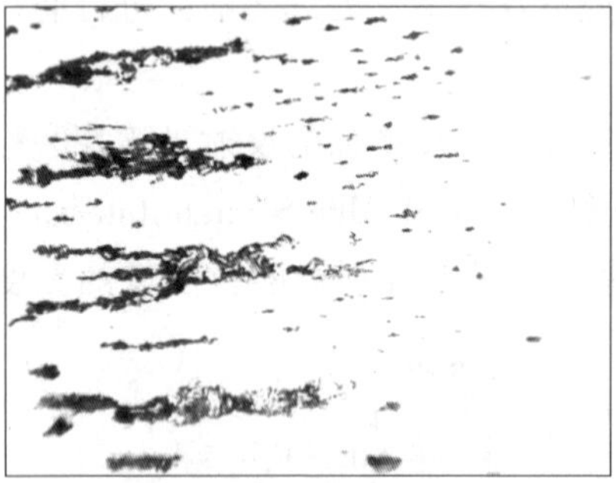

(a)反射光谱片的HSI空间图像

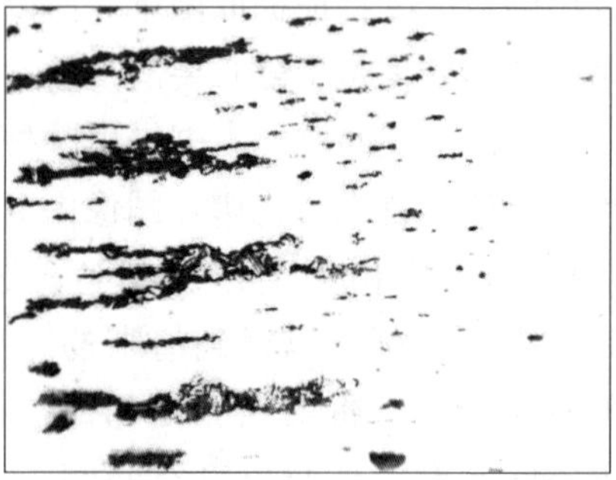

(b)经亮度增强处理的谱片图像(k_1=3、k_2=2)

图5－18　反射光谱片的图像亮度增强

参考反射光谱片图像亮度增强处理方法，构建谱片图像饱和度增强函数，在图5－18(b)图像饱和度基础上叠加该图像饱和度和其饱和度均值之差与权重系数的乘积来均衡磨粒图像的饱和度，然后再叠加上该图像亮度与其亮度均值之差值来提高磨粒图像对比度。所构建的饱和度增强函数可表示为

$$I_{enhs}=I_s+k_3(I_s-\bar{I}_s)+k_4(I_v-\bar{I}_v) \tag{5-24}$$

式中，I_{enhs} 为经增强处理的图像饱和度；k_3 和 k_4 分别为权重系数。采用公式(5－24)对图5－18(b)进行饱和度与对比度增强调整，为获得最佳增强效果，权重系数取值分别为 $k_3=3$ 和 $k_4=0$，处理结果如图5－19所示。由图可见，与图5－18(b)相比，饱和度增强后的磨粒图像锐度大、颜色鲜明，提高了图像对比度，且消除了局部光照不均匀干扰。

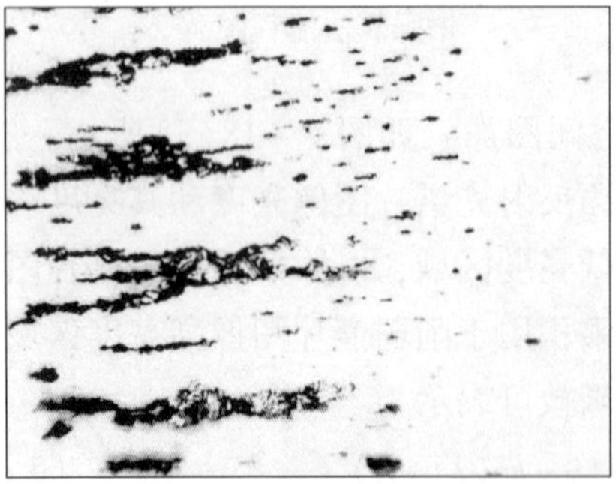

图5－19　反射光谱片图像的饱和度增强

经上述亮度与饱和度增强处理，有效提高了反射光谱片中的磨粒图像清晰度。然而，谱片图像中仍存在背

景噪声干扰，需要对图 5－19 背景噪声进行去噪处理。双边滤波是一种非线性滤波器，该滤波器综合比对空间域信息和灰度的相似性，可在降噪的同时最大限度保留磨粒特征信息[197]。

本书采用双边滤波法对图 5－19 所示的预处理谱片图像进行空间域变换，计算空间域内的加权平均值，其中加权系数会随着中心距离变化而改变。低通空间域滤波器可由原始磨粒图像 $f(x)$ 和输出磨粒图像 $g(x)$ 表示为

$$g(x) = k_{\mathrm{d}}^{-1}(x)\int_{-\infty}^{\infty}\int_{-\infty}^{\infty} f(\xi)c(\xi,x)\mathrm{d}\xi \tag{5-25}$$

式中，$c(\xi,\ x)$ 为邻域中心点 x 和邻近点之间的几何邻近度；k_{d} 是归一化参数。相应的，值域滤波器可定义为

$$g(x) = k_r^{-1}(x)\int_{-\infty}^{\infty}\int_{-\infty}^{\infty} f(\xi)s[f(\xi),f(x)]\mathrm{d}\xi \tag{5-26}$$

式中，$s[f(\xi),\ f(x)]$ 为邻域中心点 x 与临近点的亮度相似性；k_r 为归一化参数。结合公式(5－25)与公式(5－26)值域滤波、滤波器核中心点的几何位置与亮度大小，则双边滤波器可写为

$$g(x) = k^{-1}(x)\int_{-\infty}^{\infty} f(\xi)c(\xi,x)s[f(\xi),f(x)]\mathrm{d}\xi \tag{5-27}$$

相应的，二维反射光谱片的双边滤波处理结果中邻域像素值需满足下式

$$g(i,j) = \frac{\sum_{\xi,\tau} w(i,j,\xi,\tau)f(\xi,\tau)}{w(i,j,\xi,\tau)} \tag{5-28}$$

式中，加权因子 $w(i,\ j,\ \xi,\ \tau)$ 取决于定义域核与值域核分布：

$$w_d(i,j,\xi,\tau) = \exp\left[-\frac{(i-\xi)^2-(j-\tau)}{2\sigma_{\mathrm{d}}^2}\right] \tag{5-29}$$

$$w_r(i,j,\xi,\tau) = \exp\left[-\frac{\|f(i,j)-f(\xi-\tau)\|}{2\sigma_{\mathrm{r}}^2}\right] \tag{5-30}$$

采用双边滤波器对如图 5－19 所示谱片图像做进一步噪声抑制，可得到如图 5－20 所示的处理效果。可见，预处理后的反射光谱片图像对比度进一步提高，磨粒轮廓特征清晰可辨，有利于二值化处理。

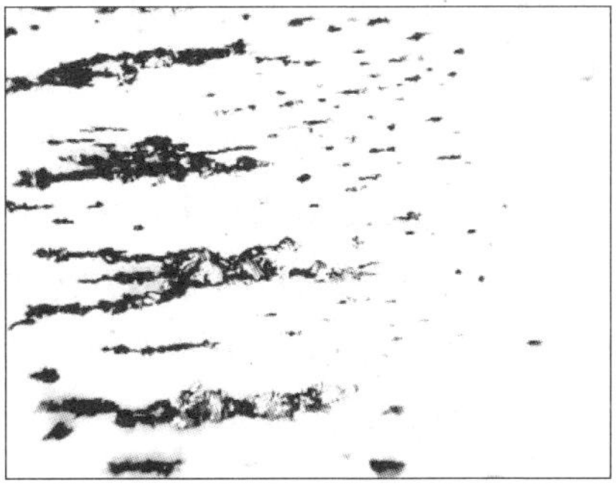

图 5－20　双边滤波处理的谱片图像

5.2.2 基于分水岭与 H - minima 变换融合的反射光谱片二值化

对如图 5 - 21 所示的预处理反射光谱片图像进行磨粒分割与二值化运算。首先，采用自适应 Canny 算子[198]进行边缘检测，然后运用 Otsu[199]法获取 H - minima 变换的阈值，通过 H - minima 变换进一步局部消噪，使用分水岭变换从消噪后的图像分割出磨粒。最后，对分割后的磨粒图像进行膨胀腐蚀开闭运算，重建不连续轮廓和填充孔洞，最终获得反射光谱片的二值化图像，为磨粒浓度特征提取奠定基础。反射光谱片二值化算法流程如图 5 - 21 所示。

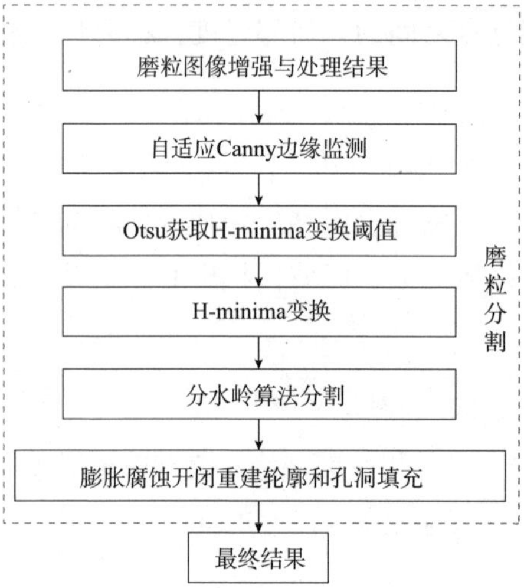

图 5 - 21　反射光谱片二值化算法流程图

采用自适应 Canny 边缘检测对增强预处理后的反射光谱片进行磨粒轮廓特征提取如图 5 - 22 所示，经过边缘检测处理后，仍存在部分噪声干扰使得磨粒局部细节轮廓不突出，所以需要抑制图 5 - 22 图像中的极小值。

采用标记法标出边缘检测图像中的最小值，同时抑制冗余最小值，以减小磨粒图像过分割。本书运用基于形态学的自适应扩展最小值(H - minima)变换标记边缘检测后图像的最小值，进而去除小于阈值 H 的局部最小值。标记图像 $I_b(x, y)$ 可由下式表征

$$I_b = H\min(I_d,\ H) \tag{5-31}$$

式中，I_d 为边缘检测图像；H 为预设阈值。基于 Otsu 法估算出阈值 H，根据该阈值将磨粒图像的灰度直方图分为磨粒和背景两部分，最佳阈值则为磨粒和背景之间的最大方差或最小方差。Otsu 法二值化的关键是确定最佳阈值 k^*，参考文献[199]可将其表征为

$$k^{*} = \frac{\left[a_{G}\sum_{i=0}^{k}p_{i} - a(k)\right]^{2}}{\sum_{i=0}^{k}p_{i}\left(1 - \sum_{i=0}^{k}p_{i}\right)} \tag{5-32}$$

式中，a_G为灰度等级k的累积平均值，即为$a_G(k)=\sum_{i=0}^{L-1}ip_i$;$a$为反射光谱片图像的平均灰度值,即$a(k)=\sum_{i=0}^{k}ip_i$。假设图5-22中的磨粒类别$C_1$和背景类别$C_2$分别由$[0, k]$和$[k+1, L-1]$范围内的所有像素组成，集合$\{0, 1, 2, \cdots, L-1\}$表示大小为$n$的图像$I_b(x, y)$中$L$的不同灰度。那么，像素点灰度值为$i$的概率为$p_i=n_i/n$，其中，$n_i$表示具有灰度等级$i$的像素数量，$n_i$可表示为

$$n = \sum_{i=0}^{L-1}n_i = n_0 + n_1 + \cdots + n_{L-1} \tag{5-33}$$

最后，采用公式(5-34)对H-minima变换后的图像$I_b(x, y)$进行二值化和分水岭变换处理，结果如图5-23所示。由图可见，经上述算法处理之后，反射光谱片二值化图像中的磨粒细节特征突出，与原谱片图像对比可见，不反光磨粒被从背景图像中全部分割出来，反光磨粒绝大部分形态特征得以有效分割，但仍有与背景色极度相近的磨粒特征未被识别出来，细节信息的丢失导致二值化磨粒链图像中存在磨粒轮廓不连续和孔洞，需进一步提取。

$$I_s(x, y) = \begin{cases} 1 & I_d > k^{*} \\ 0 & I_d \leqslant k^{*} \end{cases} \tag{5-34}$$

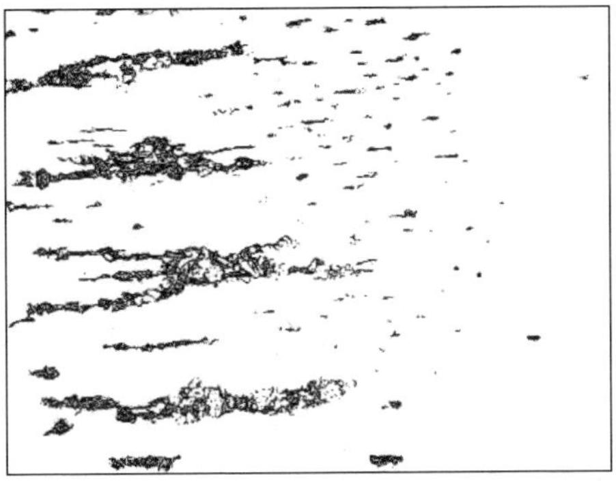

图5-22 自适应Canny边缘检测结果图

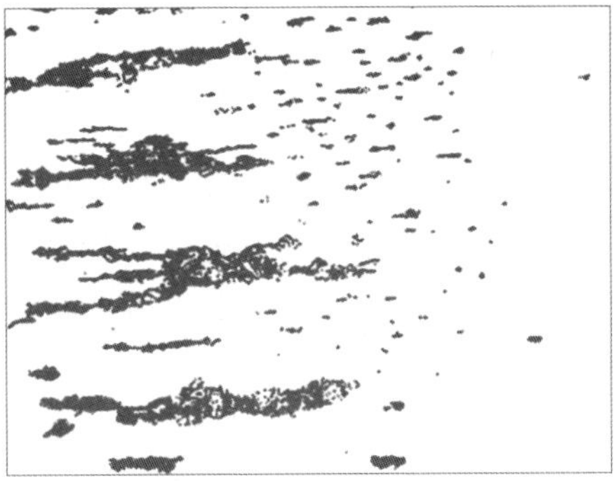

图5-23 基于H-minima与分水岭的二值化图像

因此，有必要对分水岭变换后的图像进行膨胀腐蚀开闭重建操作，重构不连

续的磨粒轮廓，填充缺失孔洞特征，恢复磨粒原始形貌特征。膨胀腐蚀开闭重建包括两幅图像和一个结构元素：一个是输入分水岭分割后的磨粒图像；另一个是终止转换的模板图像；结构元素表征图像的连通性。

膨胀腐蚀开闭重建的重点是测地膨胀和测地腐蚀。令 H – minima 与分水岭变换后的二值化图像为 I_w、模板图像为 m，两副图像大小和灰度相同，$I_w \leqslant m$，则 I_w 相对于 m 的测地膨胀 $D_m^{(n)}$ 可定义为

$$D_m^{(n)}(I_w) = \begin{cases} I_w & n=0 \\ (I \oplus d) \cap m & n=1 \\ D_m^{(1)}(I_w)[D_m^{(n-1)}(I_w)] & n>1 \end{cases} \tag{5-35}$$

二值化图像 I_w 对模板图像 m 进行膨胀的形态学重构，膨胀重复迭代至稳定：$R_m^{(D)}(I_w) = D_m^{(k)}(I_w)$，$k$ 满足条件 $D_m^{(k)}(I_w) = D_m^{(k+1)}(I_w)$，则 I_w 相对于 m 测地腐蚀 $E_1^{(n)}$ 为

$$E_1^{(n)}(I_w) = \begin{cases} I_w & n=0 \\ (I \Theta d) \cap m & n=1 \\ E_1^{(1)}(I_w)[E_1^{(n-1)}(I_w)] & n>1 \end{cases} \tag{5-36}$$

二值化图像 I_w 对模板图像 m 进行腐蚀的形态重构，腐蚀重复迭代至稳定：$R_l^{(E)}(I_w) = E_1^{(k)}(I_w)$，$k$ 满足以下条件

$$E_1^{(k)}(I_w) = E_1^{(k+1)}(I_w) \tag{5-37}$$

由膨胀和腐蚀的基本原理，将输入二值化磨粒图像进行第一次腐蚀操作的结果作为开重建的标记图像。I_w的开重建定义为：首先使用大小为 n 的结构元素对 I_w进行腐蚀操作，然后再对 I_w进行膨胀操作以实现重建。该操作可消除小于结构要素的纹理细节和明亮噪声干扰，开重建公式为

$$O_R^{(n)}(I_w) = R_{l_w}^{D}[(I_w \Theta nd)] \tag{5-38}$$

式中，$(I_w \Theta nd)$为 d 对 I_w的第 n 次腐蚀。相应的，I_w的闭重建定义为：首先用大小为 n 的结构对 I_w膨胀，然后腐蚀 I_w进行重建。该操作可以消除小于结构元素的纹理细节和暗噪声，且较好地恢复磨粒边缘，闭重建公式为

$$C_R^{(n)}(I_w) = R_{l_w}^{E}[(I_w \oplus nd)] \tag{5-39}$$

式中，$(I_w \oplus nd)$为 d 对 I_w 的第 n 次的膨胀。综上所述，形态学开、闭重建操作 $OC_R^{(n)}(I_w)$可定义为

$$OC_R^{(n)}(I_w) = C_R^{(n)}[O_R^{(n)}(I_w)] \tag{5-40}$$

利用公式(5 – 35) ~ 公式(5 – 40)对经 H – minima 与分水岭变换得到的二值化磨粒图像进行先开重建、后闭重建的运算，处理结果如图 5 – 24(a)所示。由

图可见，开和闭操作结合，使磨粒轮廓细节特征得以完整保留，有效填充了磨粒链图像中存在的缺失孔洞，反射光谱片中的磨粒图像被精确分割出来。采用上述方法分别对图5－3(b)和图5－3(c)所示的反射光谱片进行磨粒图像分割，其处理结果如图5－24(b)和图5－24(c)所示。由图可见，本书提出的反射光谱片二值化算法可消除磨粒表面二次反射光干扰，消除油液及油液中气泡、污染物对磨粒图像分割精度的影响，谱片中磨粒图像被准确地识别出来，且磨粒轮廓连续完整，尤其对图5－24(b)，大磨粒高亮度区域，以及与背景图像亮度相近区域可以有效辨识，磨粒轮廓细节特征分割完整。综上所述，本书算法能够从反射光、伪影、噪声干扰的反射光谱片中完整分割磨粒细节特征，确保磨粒轮廓连续，提高了谱片图像二值化的准确度，为电磁－图像型磨粒传感器反射光下磨粒浓度特征提取奠定理论与技术基础。

(a)图5-3(a)二值化磨粒图像

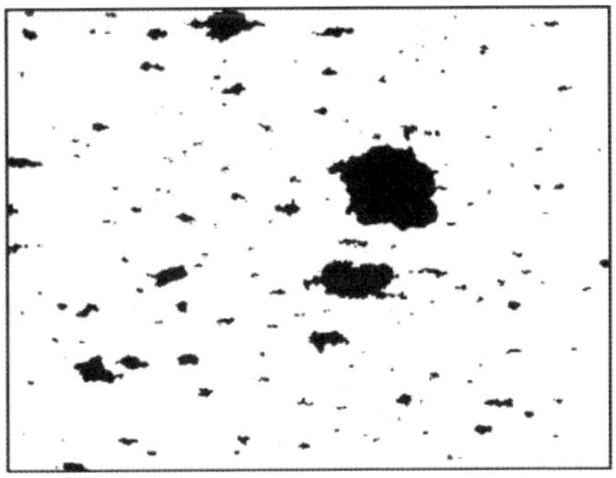

(b)图5-3(b)二值化磨粒图像

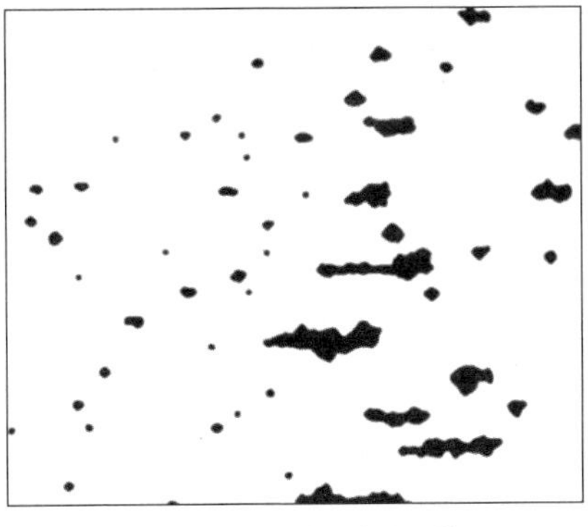

(c)图5-3(c)二值化磨粒图像

图5－24　反射光谱片二值化最终处理结果

5.3 基于磨粒浓度提取的电磁－图像型磨粒传感器实验测试研究

5.3.1 实验条件

以电磁－图像型磨粒传感器为核心的典型磨粒探测实验测试系统如图5－25所示，计算机通过RS232串口将控制信号发送至MCU沉积控制器，按照磨粒循环采样命令，采样参数如磨粒沉积磁动势、磨粒沉积时间，采样周期以及磨粒冲刷与沉积流量可被MCU控制，蠕动泵以特定转速将含有磨粒的油液注入传感器油腔，磁场装置产生的磁场力捕获磨粒形成沉积谱，LED恒流驱动器控制透射光源与反射光源按照设定时间间隔开断，CMOS图像获取磨粒谱片，并上传于计算机进行分析与磨粒特征信息提取。

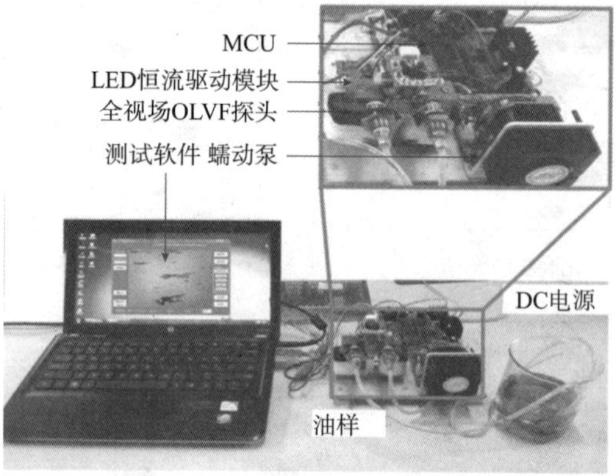

图5－25 基于电磁－图像型磨粒传感器的磨粒探测实验测试系统

百分覆盖面积指数(Index of Particles Coverage Area，IPCA)用于表征油样中的磨粒浓度，可表示为磨粒覆盖面积与谱片有效视场区域的比值[102]，即为

$$IPCA = \frac{a^2 \sum A_i}{w \cdot h} \times 10^{-2} \tag{5-41}$$

式中，a为CMOS传感器像元大小；w为谱片有效视场区域的宽度；h为谱片有效视场区域的高度，同一沉积谱的透射光谱片有效宽度$w = w_T$，反射光谱片

有效宽度 $w = w_F$，如图 5－26(a)所示；$\sum A_i$ 为图 5－26(b)中二值化图像有效视场内的磨粒像素个数。实验过程中，使用搅拌器连续搅拌油样，以确保油液中磨粒均匀分布。为提高采样效率，减小沉积谱中磨粒磁化堆积，设定采样参数值如表 5－1 所示。

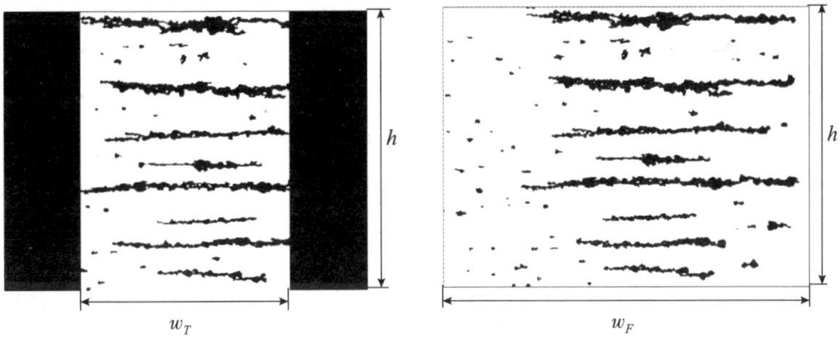

(a)透射光　　(b)反射光

图 5－26　同一沉积谱的透反射光谱片二值化图像

表 5－1　采样参数

参数名称	值
采样周期/min	2.0
沉积时间/min	0.5
磁动势/AT	800
磨粒冲刷流量/(mL · min^{-1})	8
磨粒沉积流量/(mL · min^{-1})	4

5.3.2　电磁－图像型磨粒传感器的透反射光源设置方法

根据油液透光率设置磨粒成像用光源类型，调节光源发光强度，提高磨粒成像的像面分辨率与对比度，确保从不同油液中可靠获取磨粒清晰可辨的透射光或反射光谱片，消除油液透明度对磨粒成像质量的影响。光源的驱动电流强度与发光强度成正比，改变电流强度可调节光源发光强度。假设被测油液的透光率为 T_{oil}，反射光源最大驱动电流强度为 I_{Fmax}，透射光源最大驱动电流强度为 I_{Tmax}，油腔无油状态下首先打开透射光源，将电流强度调至最大值 I_{Tmax}，由像面灰度值可推导出油液透光率 T_{oil} 为

$$T_{oil} = \left(\frac{2\sum_{i=M/4}^{3M/4}\sum_{j=1}^{N} G_{max}(x_i, y_j)}{MNAI_{Tmax}} - \frac{B}{AI_{Tmax}} \right) \times 100\% \tag{5-42}$$

式中，$G_{max}(x_i, y_j)$ 为 I_{Tmax} 对应的像面(x_i, y_j)坐标点灰度值；$M \times N$ 为 CMOS 传感器像素大小；A 为透射光下 CMOS 接受的光强度与像面灰度值的比例；B 为透射光下 CMOS 感光灵敏度所决定的常数。改变透射光源的电流强度，可获得像面平均灰度值 $G_{average}$ 与电流强度 I_T 的对应关系为

$$G_{average} = AI_T + B \tag{5-43}$$

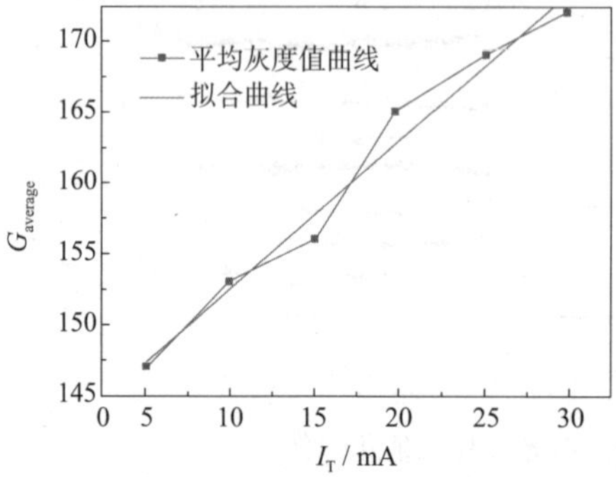

图 5-27　透射光源电流强度与像面平均灰度值的对应关系

式中，$G_{average} = 2\sum_{i=M/4}^{3M/4}\sum_{j=1}^{N} G(x_i, y_j)/MN$。当 I_T 取值分别为 5.1mA、10mA、15.1mA、19.9mA、25.2mA 以及 30mA 时，所对应的像面平均灰度值如图 5-27 所示，利用多项式拟合获得拟合曲线的表达式为 $y = 1.04I_T + 142.08$，因此，可确定常数 $A = 1.04$ 和 $B = 142.08$。

如图 5-28 所示，提出油液不同透光率下电磁-图像型磨粒传感器的透反

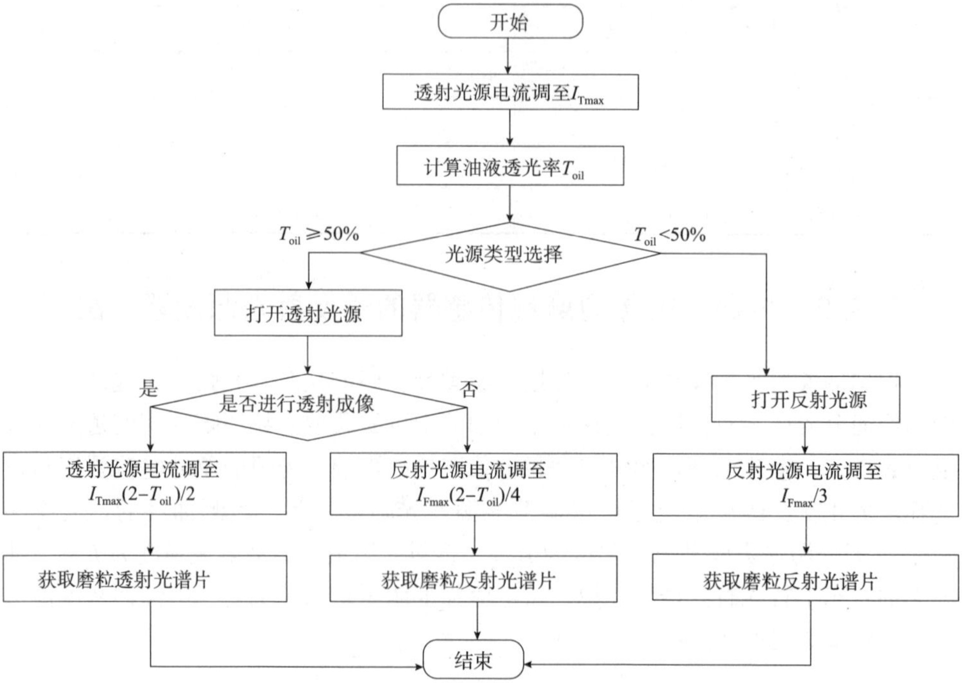

图 5-28　电磁-图像型磨粒传感器的光源设置流程图

射光源设置方法。根据 T_{oil} 值选取透反射光源，调节光源电流强度，可靠获取磨粒谱片，具体为：

(1)当 $T_{oil} \geqslant 50\%$ 时，如果采用透射成像方式，则透射光源作为背景光源，其电流强度调至 $I_{Tmax}(2-T_{oil})/2$，可获取磨粒透射光谱片，如果采用反射成像方式，关闭透射光源，将反射光源的电流强度调至 $I_{Fmax}(2-T_{oil})/4$，可获取磨粒反射光谱片；

(2)当 $T_{oil} < 50\%$ 时，为提高反射光谱片中磨粒图像与背景的对比度，反射光源作为唯一照明光源，其电流强度调至 $I_{Fmax}/3$，可获取磨粒反射光谱片。

其中，透射与反射光源的最大驱动电流强度分别为 $I_{Tmax}=20\text{mA}$ 和 $I_{Fmax}=30\text{mA}$。

按照上述方法设置电磁-图像型磨粒传感器的透反射光源，其显微成像性能最佳，所捕获的透射光和反射光谱片中磨粒与背景的图像对比度较高，如图5-29所示。

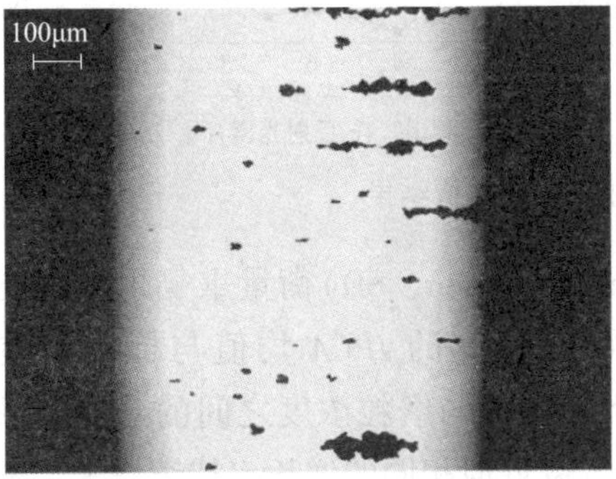

(a)透射光谱片

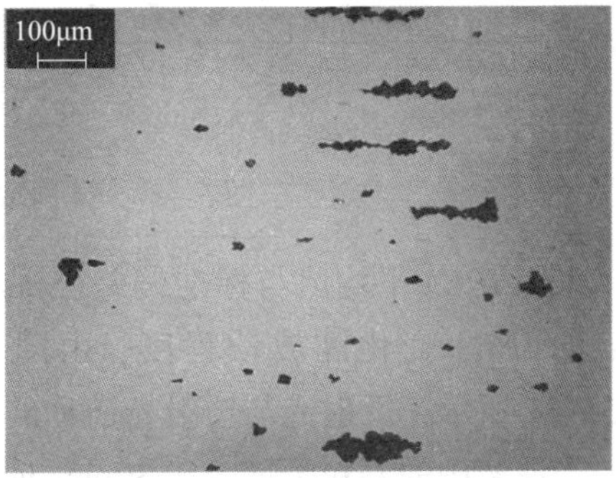

(b)反射光谱片

图5-29 设置电流强度的透射光与反射光下磨粒显微成像效果

5.3.3 磨粒浓度特征提取的有效性测试与分析

2.0×光学倍率下，电磁-图像型磨粒传感器分别获得同一沉积谱的磨粒透射光与反射光谱片，从中提取磨粒浓度指标 *IPCA* 进行对比，验证反射光下磨粒辨识与浓度特征提取的有效性。采用600目铁粉与基础油(型号：LAN68 40#)配制成不同磨粒浓度的油样，被用于重复性测试。首先，采用磨粒浓度10ppm的油样500mL进行重复采样，每种油样采样次数为12次，分别计算透射光与反射光下的 *IPCA* 值，然后加入5mg铁粉，提高磨粒浓度至20ppm，重复上述操作，直到油样中的磨粒浓度达到80ppm。

图5-30为采用透射光与反射光谱片的 *IPCA* 提取结果，随着磨粒浓度的增加，*IPCA* 值随之增大。同一磨粒浓度下重复采样获得的 *IPCA* 曲线存在较大的波动性，相比之下，反射光谱片 *IPCA* 波动性小于透射光谱片 *IPCA*。当磨粒浓度≥70ppm时，*IPCA* 曲线的波动性进一步增大，*IPCA* 的增长趋势随之减小，尤其是透射光谱片，运用 *IPCA* 变化趋势已难以有效区分磨粒浓度≥70ppm的两种油样。

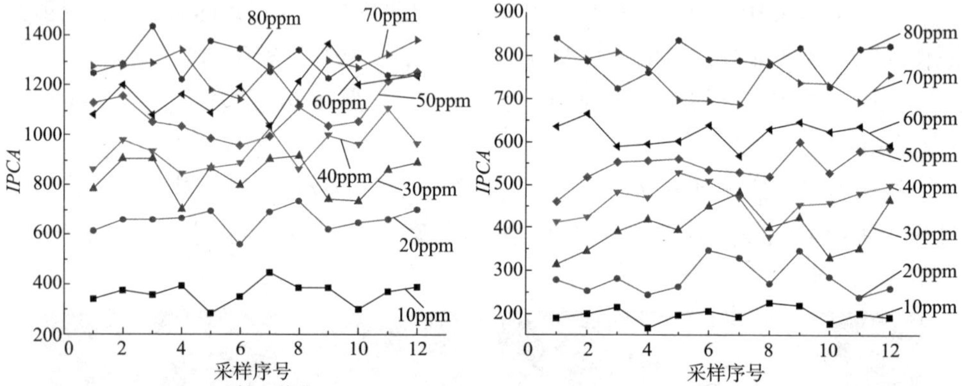

(a)透射光谱片　　(b)反射光谱片

图5-30　不同浓度的 *IPCA* 提取结果

采用 *IPCA* 平均值与标准偏差(Standard Deviation，SD)衡量重复采样不同采样点的 *IPCA* 变化和波动程度。由图5-30计算的 *IPCA* 均值与标准偏差如图5-31所示，反射光与透射光谱片的 *IPCA* 均值与磨粒浓度之间的对应关系相似，当油液中的磨粒浓度大于30ppm时两者以近似相同的增长率持续增大，两条 *IPCA* 均值曲线具有良好的线性相关性。如图5-31(a)所示，由于磨粒链中大量

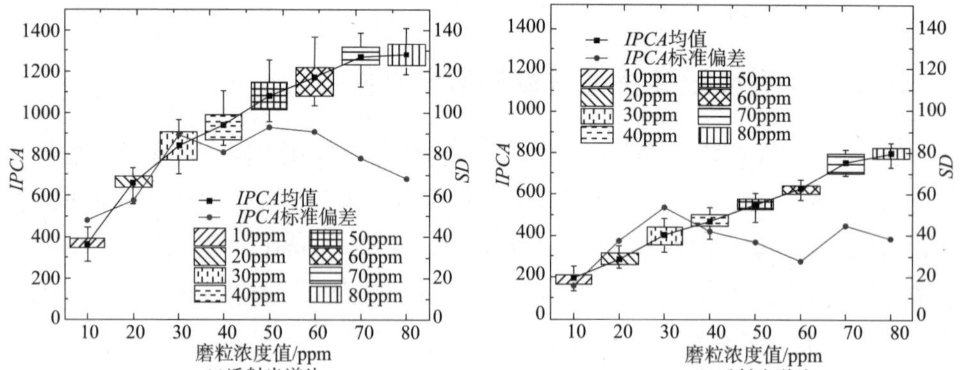

(a)透射光谱片　　(b)反射光谱片

图5-31　不同浓度的 *IPCA* 均值与标准偏差

磨粒叠加堆积，透射光下70ppm和80ppm油样的*IPCA*均值几乎相等，表明当磨粒浓度大于70ppm时，*IPCA*不能继续反映磨粒浓度的变化，基于透射光谱片的磨粒浓度提取失效。如图5–31(b)所示，磨粒浓度从10ppm增至80ppm时，*IPCA*均值以近似线性增长，当磨粒浓度大于70ppm时，*IPCA*所反映的增长率相对减小，但两种浓度变化*IPCA*均值依然可区分，基于反射光谱片的磨粒浓度提取有效。相比之下，反射光下磨粒浓度在线监测准确性更高，具备更大的动态范围。

标准偏差能够表征重复采样点的*IPCA*离散度，标准偏差值越小，*IPCA*波动越小。如图5–31(a)所示，透射光下*IPCA*标准偏差的最大值和最小值分别为91.19和43.43。如图5–31(b)所示，反射光下*IPCA*标准偏差的最大值和最小值分别为53.40和16.86。相比之下，反射光谱片所提取的*IPCA*值小于透射光谱片提取值，表明在磨粒浓度指标提取方面反射光谱片相对于透射光谱片具有更高精度和更好的重复性，其原因主要是电磁–图像型磨粒传感器反射光成像模式避免了磁极遮挡造成的磨粒信息丢失，提高了磨粒浓度指标*IPCA*的提取精度。

为验证上述结论的正确性，重复性测试过程中，获取每种油样同一沉积谱的磨粒透射光与反射光谱片，2.0×光学倍率下透射光成像的视场范围约为反射光成像视场范围的一半，同一磨粒沉积谱状态下透射光谱片中的磨粒图像信息不完整，如图5–32所示。由图可见，随着磨粒浓度的增大，谱片中的磨粒沉积量增多，与*IPCA*均值变化相同。沉积流量为4mL/min时，在流道中可见大小磨粒有序沉积，对比透反射光谱片发现，右侧进油位置的磁极遮挡区存在大磨粒沉积，左侧出油位置存在小磨粒沉积，但这些磨粒在透射光谱片中均不可见。

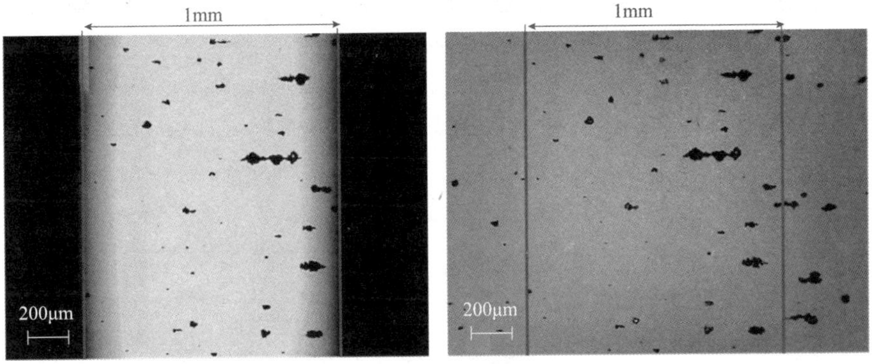

(a)10ppm

图5–32 不同浓度的同一沉积谱磨粒谱片

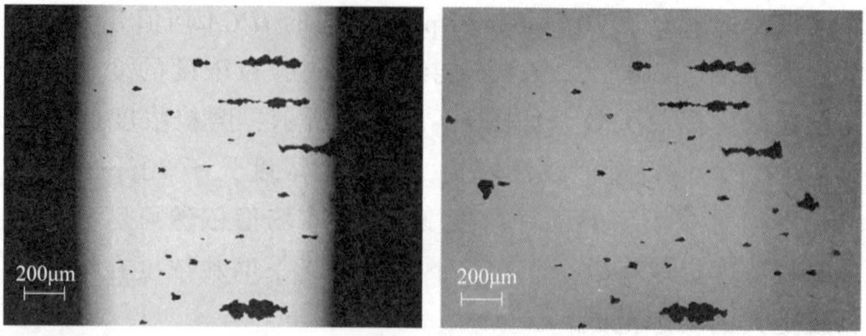

(b)20ppm

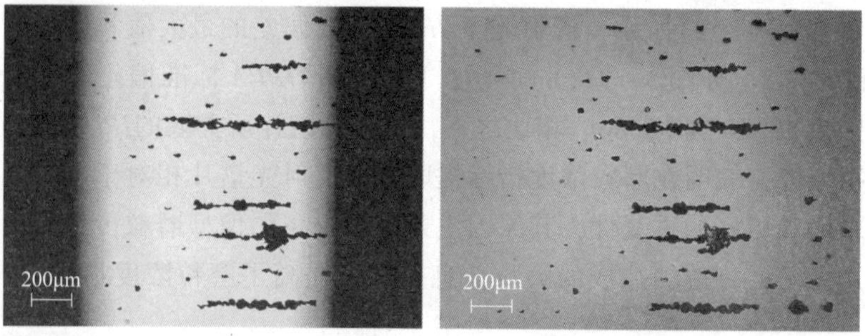

(c)30ppm

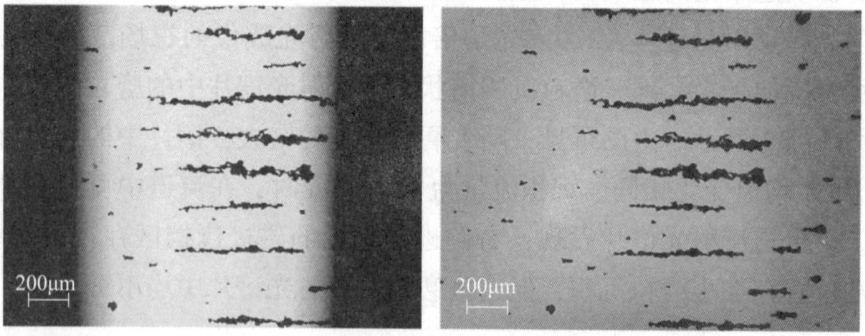

(d)40ppm

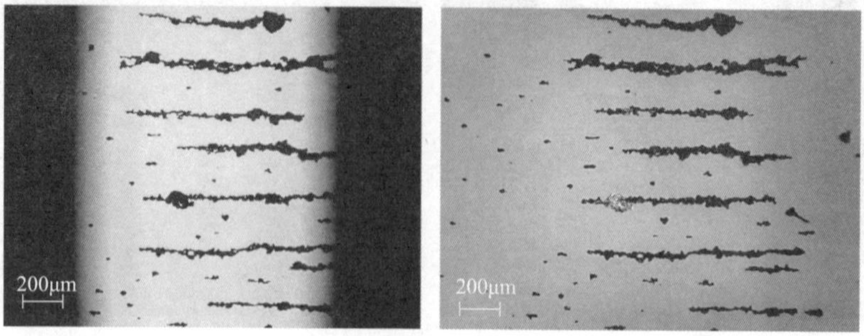

(e)50ppm

图 5－32　不同浓度的同一沉积谱磨粒谱片(续)

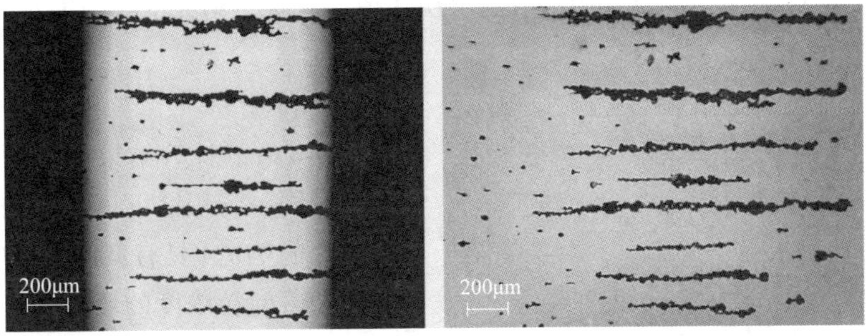

(f)60ppm

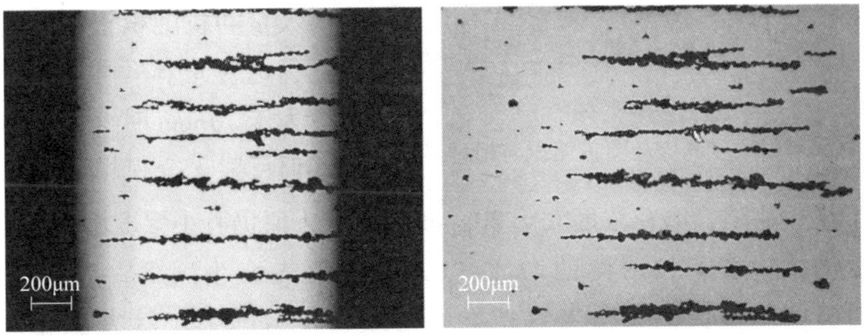

(g)70ppm

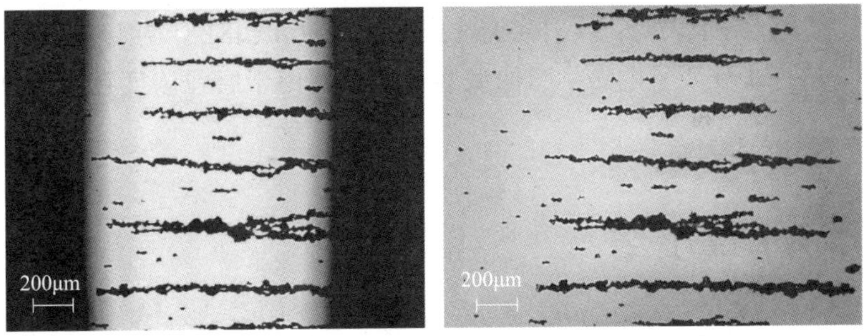

(h)80ppm

图 5－32　不同浓度的同一沉积谱磨粒谱片(续)

提取图 5－32 中透射光与反射光谱片的磨粒覆盖面积(Wear Debris Coverage Area，WDCA)，定量表征两种谱片中存在的磨粒量差异，*WDCA* 可表示为

$$WDCA = a^2 \sum A_i \times 10^{-6} \tag{5-44}$$

采用相对误差$\overline{WDCA}_{\text{error}}$定量描述透射光与反射光谱片的 *WDCA* 值差异，反映电磁－图像型磨粒传感器监测精度，即

$$\overline{WDCA}_{\text{error}} = \frac{|Y_i - X_i|}{X_i} \times 100\% \tag{5-45}$$

式中，X_i 为反射光谱片中提取的 *WDCA* 值；Y_i 为透射光谱片中提取的 *WDCA* 值，其中 $i=1, 2, \cdots, 8$。

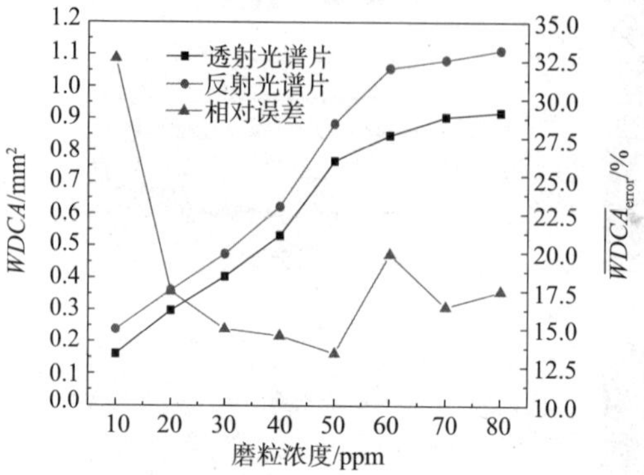

图 5-33　不同浓度的磨粒覆盖面积与相对误差

利用公式(5-44)和公式(5-45)的计算结果如图 5-33 所示，同一沉积谱下透射光与反射光谱片的 *WDCA* 具有良好的对应关系，但随着磨粒浓度的增大，它们之间的差值也随之变大。这是由于浓度大时大量磨粒沉积于视场内的进油一侧，透射光下不可见，导致磨粒浓度大于 70ppm 时 *WDCA* 值趋于稳定，但反射光全视场区域成像方式则避免了这一缺陷，磨粒浓度大于 70ppm 时 *WDCA* 值仍有小幅度增长。

相反的，随着磨粒浓度的增大，$\overline{WDCA_{error}}$ 值先变小，然后当磨粒浓度为 60ppm 时又突然增大，表明透射光不可见区域开始产生大量磨粒沉积，如图 5-32(f)所示。求取不同浓度油样的相对误差平均值，用于表征反射光磨粒浓度提取的准确度，结果表明，反射光谱片提取的 *WDCA* 相对于透射光提取值提高了 18.34%，进一步证明了电磁-图像型磨粒传感器用于磨粒浓度在线监测的有效性和优越性。

5.4　本章小结

电磁-图像型磨粒传感器谱片放大倍率小，分辨率低，磨粒特征提取困难，传统的离线磨粒特征提取算法难于满足该传感器在线使用要求。电磁-图像型磨粒传感器用于磨损监测时，若透射光谱片存在干扰阴影，传统二值化方法难以消除干扰阴影，易将背景区域误识别为磨粒，影响磨损监测准确性。针对电磁-图像型磨粒传感器用于磨损监测的需求，提出了基于 UDCT 的透射光谱片抗干扰二值化算法，对 UDCT 变换得到的低频子代系数进行分段非线性变换，对高频子代系数进行去噪处理，并结合自动阈值迭代法，实现了透射光谱片抗干扰二值化。针对电磁-图像型磨粒传感器反射光谱片中高亮度磨粒和背景颜色相似磨粒难以识别分割的问题，提出一种分水岭和 H-minima 变换融合的反射光谱片二值化算法，构建亮度和饱和度空间增强函数增强磨粒图像锐度与对比度，采用 H-minima

变换抑制磨粒图像中的极值干扰，运用分水岭法检测谱片中磨粒细节轮廓，准确分割磨粒与背景图像，从而提高反射光谱片二值化精度。

基于平均功率谱最大值原则确定了基础油与齿轮油监测时的反射光源电流强度，实验测试了电磁 – 图像型磨粒传感器用于磨粒浓度监测之有效性，并得到以下结论：采用电磁 – 图像型磨粒传感器进行了重复性采样实验，结果表明所捕获的反射光谱片用于磨粒浓度监测与透射光谱片具有相同的有效性；透射光与反射光分别作用下提取同一磨粒沉积谱的磨粒覆盖面积，计算结果显示反射光下的 *WDCA* 计算精度较透射光提高了约 18. 34%，表明反射光磨粒浓度监测的准确度更高。

6　电磁－图像型磨粒传感器在线监测技术工程应用研究

第4章节内容基于嵌入式显微成像系统与高梯度励磁装置设计出了电磁－图像型磨粒传感器，实现了反射光下全视场磨粒显微成像与反射光谱片获取；提出了入瞳模式像面照度模型；分析评价了该传感器的像面均匀性，通过反射光显微成像模型分析计算，确定了光学倍率2.0×条件下检测油样的油液衰减系数≤2时，电磁－图像型磨粒传感器可获得清晰度较高的反射光谱片图像进行磨粒探测。实验结果表明：利用该传感器提取在用油液中反射光磨粒视觉特征信息实现液压系统和齿轮传动系统的磨损在线监测是有效且可行的。第5章节内容采用UDCT对透射光谱片进行多尺度分析，运用非线性函数对低频子代信号进行分段非线性变换，抑制透射光谱片的干扰阴影，对高频子代系数进行去噪处理，实现了谱片图像二值化和磨粒图像精确提取；基于分水岭和H－minima变换融合法准确识别反射光谱片中磨粒图像，实现了谱片图像二值化处理；以此为基础，从透射光和反射光谱片中提取磨粒百分覆盖面积指数定量表征润滑油液中磨粒浓度变化，并验证了两种特征谱片用于提取磨粒浓度指标具有相同的有效性。上述研究内容为电磁－图像型磨粒传感器用于磨损在线监测奠定了坚实的理论与技术基础，对于推进电磁－图像型磨粒传感器在线监测技术实际应用具有重大意义。

本章节将电磁－图像型磨粒传感器为核心的实验测试系统与透射、反射光谱片二值化及磨粒浓度特征提取算法相结合，构成了用于监测设备磨损状态的磨粒浓度在线监测系统。开发基于发动机台架试验的电磁－图像型磨粒传感器磨损监测系统，首先，研究电磁－图像型磨粒传感器在线监测技术在发动机台架试验中的应用，分析其磨损监测系统的取样参数和沉积参数对监测结果的影响，积累发动机台架试验磨损数据，为磨损分析算法的开发，以及为电磁－图像型磨粒传感器在线监测技术应用于发动机状态监测及故障诊断研究提供数据支持。其次，开展基于电磁－图像型磨粒传感器在线监测技术应用的齿轮磨损监测实验，采用电磁－图像型磨粒传感器分别获取磨粒沉积谱的透射光与反射光谱片，运用第5章中的谱片二值化处理算法，结合磨粒浓度特征指标IPCA提取算法表征不同磨损阶段的齿轮磨损状态，磨损监测结果表明 *IPCA* 曲线在不同磨损阶段的变化规律与磨粒浓度模型所得的变化规律相符，验证了电磁 - 图像型磨粒传感器在线监测技术应用于齿轮磨损监测之有效性，从而实现了基于磨粒浓度的齿轮磨损在线监测。

6.1 电磁 - 图像型磨粒传感器在线监测技术的发动机磨损监测试验研究

6.1.1 发动机磨损监测系统结构原理

开发基于发动机台架试验的磨损监测系统，首先要研究电磁 - 图像型磨粒传感器在线监测技术在发动机台架试验的应用，因此，本章研究与开发了基于电磁 - 图像型磨粒传感器透射光谱片磨粒浓度提取的发动机磨损监测系统。

以电磁 - 图像型磨粒传感器探测模块为基础，开发发动机磨损监测系统。电磁 - 图像型磨粒传感器探测模块是由电磁 - 图像型磨粒传感器、沉积控制器以及驱动程序构成。发动机磨损监测系统由电磁 - 图像型磨粒传感器探测模块、辅助循环装置、沉积控制器及上位机与监测控制软件构成。辅助循环装置包括计量泵和电磁阀。计量泵为精密齿轮泵，它可以提供油液循环需要的动力；电磁阀为两位三通，可以导入空气将流道内润滑油排出，排除发动机台架试验过程中由于积碳导致的润滑油变黑的影响，从而获取有效的透射光谱片。图 6 - 1 是发动机磨损监测系统原理图。

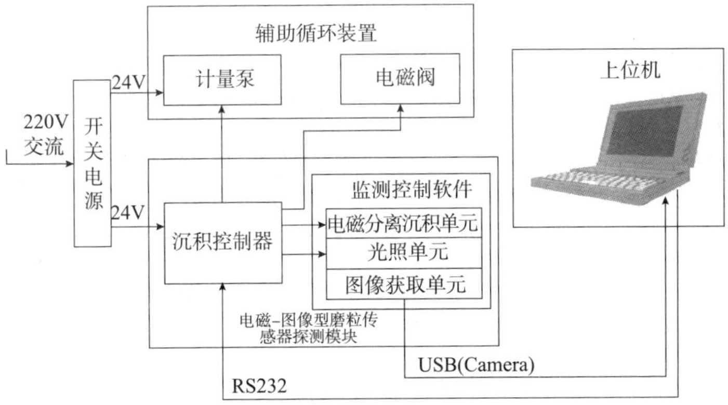

图 6 - 1　发动机磨损监测系统原理图

为了采集具有代表性的油样，发动机磨损监测系统的取样点设定在发动机油底壳的放油螺栓处，考虑到磨粒沉积效应，油管需插入到油底壳润滑油液面下三分之一处，回油口设定在发动机的机油加注口。润滑油依次流经电磁阀、电磁－图像型磨粒传感器探测模块和计量泵，然后经机油加注口回到油底壳中。图6－2是辅助循环油路示意图。

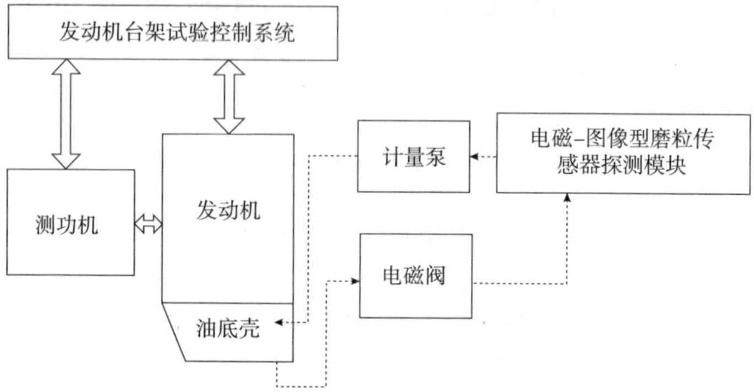

图6－2　辅助循环油路示意图

6.1.2　磨损监测软件系统开发

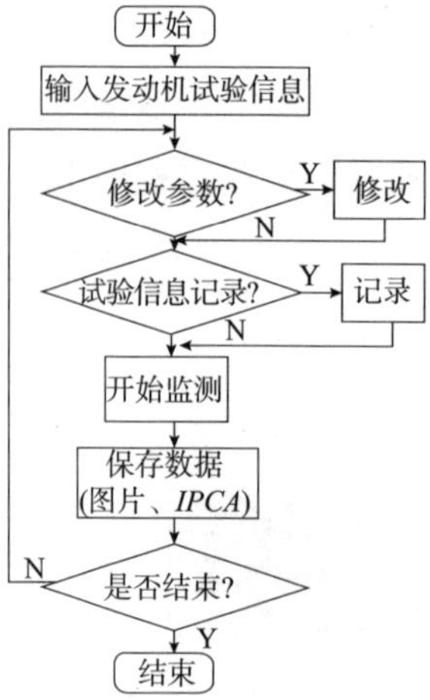

图6－3　监测软件总体流程图

为了实现发动机台架试验在线磨损监测的简单便捷，发动机磨损监测软件系统只设置了一个监测主界面，并给使用者提供了简洁的操作按键和可视化的监测；通过参数设置实现对取样参数和沉积参数的配置，使系统能够按照合理的参数获取数据；磨损监测软件主界面上设置多个试验过程记录下拉菜单，实现发动机台架试验过程中润滑油相关信息的记录，为后期数据分析提供依据。图6－3和图6－4分别是系统运行的总体流程图和监测主界面。通过在主界面上显示*IPCA*趋势曲线和流道实时图像可以实现对发动机磨损状态的实时监测。

参数设置功能是为了保障电磁－图像型磨粒传感器探测模块能够按照设定参数来获取数据。参数设置不合理，会导致监测得到的数据无法正确反映发动机的磨损状态。电磁－图像型磨粒传感器探测模块，需要设置的参数分为两类：取样参数和沉积参数。取样参数包括取样周期，沉积参数包括沉积时间、沉积流量、沉积磁势、排油流量、排油时间。在磨损监测软件中，仅需要设置3个参数，设置如表6-1所示。由于在发动机台架试验中，监测结果对其他3个参数的变化较敏感，因此根据经验在系统中将它们设定成固定值，不需要使用者设置，这样可提高软件的专用性，而且需要设置的参数越少软件使用越方便。

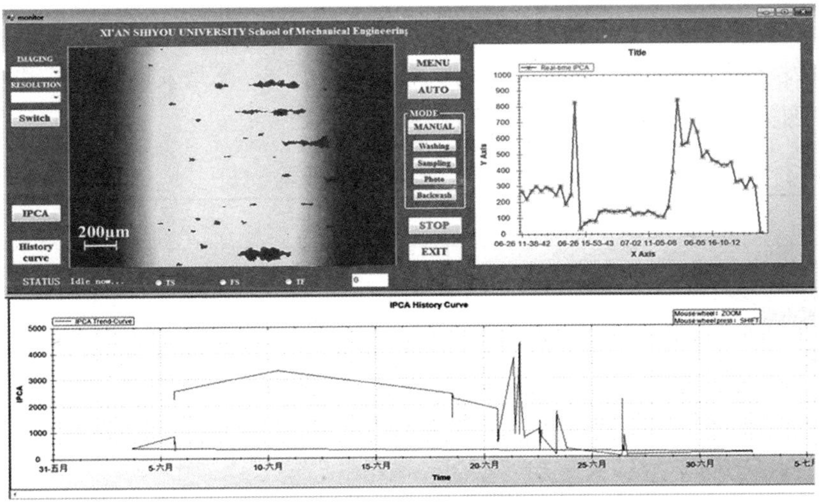

图6-4　监测主界面

表6-1　发动机磨损监测参数设置表

参数名称	推荐设定值
取样周期/min	12~60
沉积时间/min	2~10
排油时间/min	2~5

发动机磨损监测系统正常工作时的一个取样周期包括采集前冲刷流道、沉积磨粒、排油、捕获透射光谱片并计算*IPCA*、采集后冲刷流道5个步骤，所需的最短时间为12min。取样周期的设置只要大于12min都可正常工作，但是为了保证在线取样的频率，不能将取样周期设置过长，取样周期最长不能超过60min。而发动机台架试验中，离线取样需要在停机时进行，为了不影响发动机台架试验的连续运行，避免试验反复停机启动，离线取样周期都是24h以上。通过电磁-图像型磨粒传感器磨损监测加大了取样的频率，有利于台架试验磨损的实时监测。沉积时间的设定依照磨损指标*IPCA*计算结果不能超过2000，超过2000后流

道中会发生磨粒堆叠，导致监测结果不准确。

6.1.3 发动机磨损的电磁－图像型磨粒传感器在线监测系统工程应用

发动机磨损监测系统已成功运用于中国第一汽车股份有限公司技术中心的柴油发动机台架试验中，试验发动机类型为直列六缸、四冲程、水冷、带涡轮增压的柴油发动机，表 6－2 为试验发动机参数表，图 6－5 是发动机台架和基于电磁－图像型磨粒传感器的在线磨损监测系统实物图。

表 6－2　发动机基本参数

参数名称	参数值
行程/mm	155
缸径/mm	123
压缩比	11.5
排量/L	11.04
额定功率/kW	341
额定转速/$(r\cdot min^{-1})$	1900
最大扭矩/$(N\cdot m)$	2100
转速/$(r\cdot min^{-1})$	1300

图 6－5　发动机台架及在线磨损监测系统实物

磨损监测系统从 2013 年 4 月 25 日开始至 7 月 13 日共获取 2986 个 *IPCA* 值，其中，有 10 个 *IPCA* 值对应的谱片为无效谱片，计算得到的 *IPCA* 属于无效数据，计算得到无效数据的比例仅为 0.3%，证明了试验中参数设置的合理性，以及排油成像的有效性。在绘制 *IPCA* 趋势曲线时将 10 个无效数据人为剔除。除此之外，数据中只有一个 *IPCA* 值大于 900，而其他值均小于 350，为了更加清晰地描述 *IPCA* 趋势，在绘制趋势曲线时不绘制 *IPCA* 值大于 900 的数据点。

从图6-6的*IPCA*趋势曲线可以看出：数据点序号在750之前的数据中0值的概率高达93%，其中，不是0值的数据点*IPCA*超过10的只有3个，而之后的数据中出现0值的概率大大降低，而且*IPCA*数值也有所提高。其主要原因是2013年5月13日之前，发动机磨损监测系统没有放置到台架试验室中，而是放置在台架控制室中，发动机油底壳中的润滑油是经过一段很长的油管连接到系统上，并且油管中途有向上的弯折，导致润滑油中的磨粒可能会在油管弯折处沉积，而且管路过长也不利于系统的实时性。因此，后期将系统移入台架试验室中，如图6-5所示，缩短管路，而且尽量避免管路弯折，从数据中可以看出，移入之后，监测效果得到显著改善。

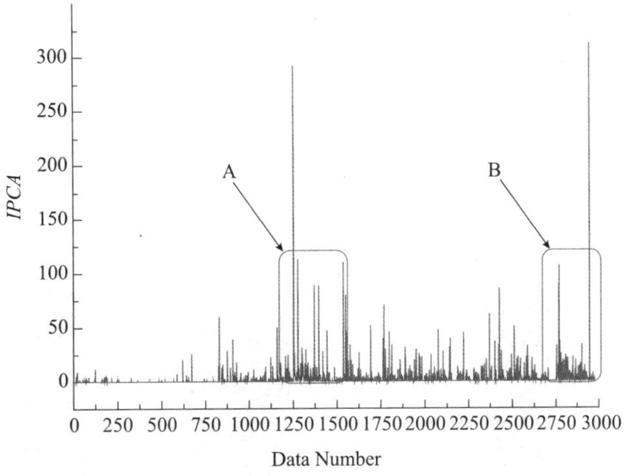

图6-6 *IPCA*趋势曲线图

如图6-6所示，*IPCA*值普遍不高，有99%都在50以内，除了图示中标出的A、B区域外，*IPCA*波动比较平稳。开始监测时发动机已经过磨合，该时间段各个摩擦副已进入稳定磨损阶段，从磨损机理分析，磨粒浓度曲线应该以一个恒定的低速率稳步上升，而图中*IPCA*值却在50以内平稳波动，这是由于试验过程中换油或补油的缘故会导致油底壳中磨粒浓度的变化。由监测数据可以看出柴油机的磨粒浓度较低，说明该型号柴油机在试验时间范围内磨损较小，但是电磁-图像型磨粒传感器依然可以将磨粒沉积下来，这也体现出电磁-图像型磨粒传感器监测技术对小颗粒的捕获能力。

图6-6中A和B区域的放大图如图6-7所示，其中A区域对应的时间为5月19日至5月28日的数据，在5月22日的数据中有连续两个数据点超过150，出现这两个数据之后，又陆续出现一些小的数据波动均超过50，5月25日拆卸涡轮增压器和排气管，发现涡轮增压器和发动机排气管连接处有一螺栓折断，涡轮增压器垫片已经烧坏。B区域对应的时间为7月8日至7月12日的数据，其中*IPCA*值超过900的数据点(图中没有画出)就位于这段数据中，之后出现一个312的*IPCA*值，截至7月12日发动机多次出现涡后排温报警，发动机漏气量和出水温度也

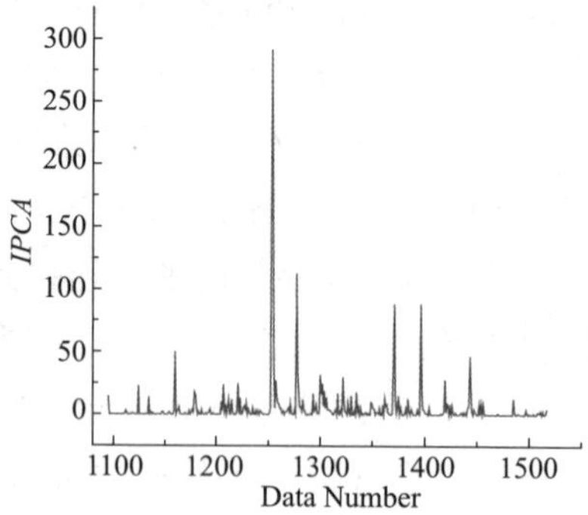

(a)A区域放大图

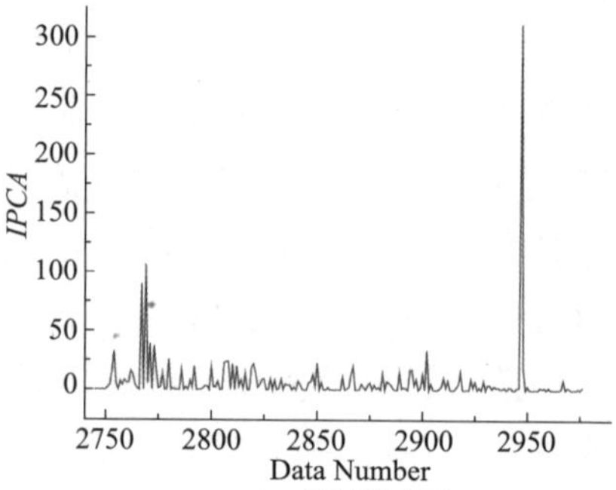

(b)B区域放大图

图6－7　局部放大图

出现异常，试验被迫停止。7 月 15 日，发动机下台架，拆检结果为发动机拉缸。

图6－8 为 A 和 B 区域中较大值对应的典型磨粒谱片以及正常磨粒谱片的对比。从图中可以看出正常谱片的磨粒一般较小，而异常的磨粒谱片中磨粒一般较大并成链，有时甚至出现单个超大磨粒。图 6－9 是拆检后的发动机拉缸图片。由图可见，发动机缸体内有明显拉缸痕迹，说明发动机已发生严重磨损。

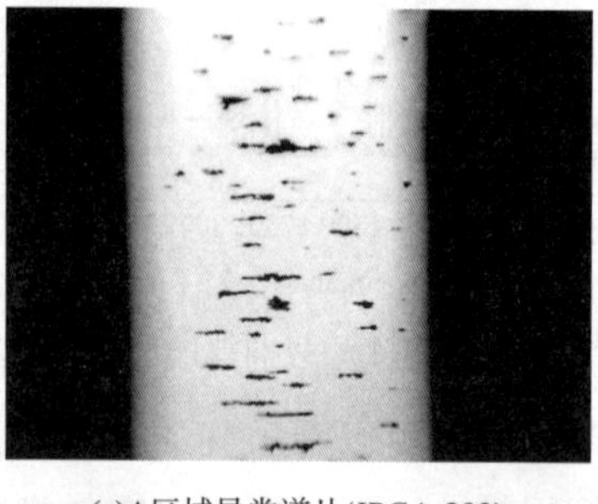
(a)A区域异常谱片(*IPCA*=292)

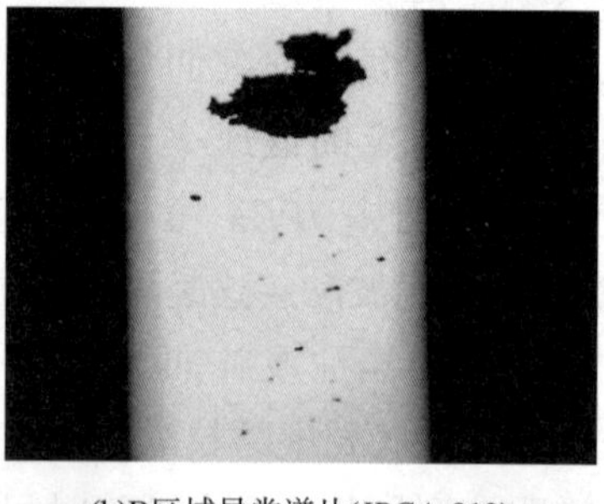
(b)B区域异常谱片(*IPCA*=912)

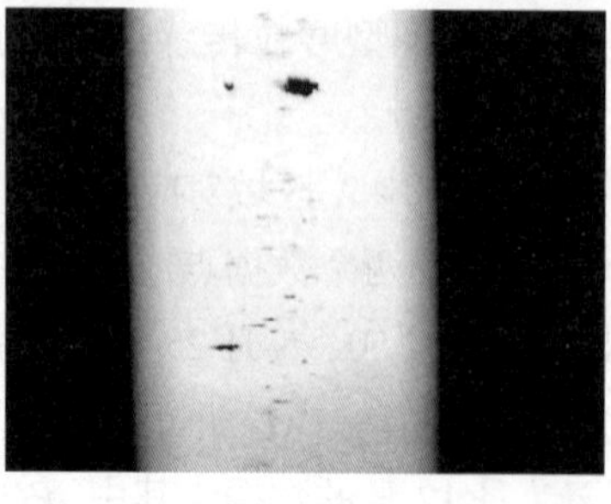
(c)正常谱片(*IPCA*=50)

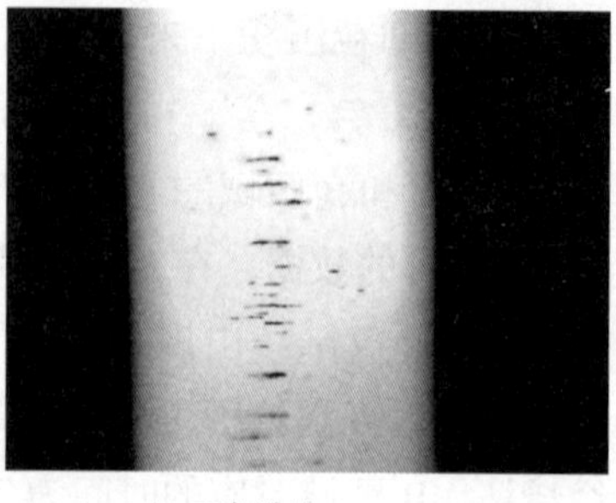
(d)正常谱片(*IPCA*=51)

图6－8　典型磨粒透射光谱片

(a)第二缸缸套

(b)第三缸缸套

图6-9 拆检图片

从上述结果分析中可以看出：发动机磨损监测系统的监测数据可以实时反映发动机的磨损状态，并能够早期发现发动机试验过程中的异常磨损，针对汽车发动机这种应用对象，电磁-图像型磨粒传感器监测技术具有一定的实用价值。在后续的数据分析过程中，可以结合发动机试验过程中的其他数据，提取*IPCA*数据中蕴含的发动机磨损状态信息，为发动机台架试验的在线磨损监测提供更加完善的理论和数据支持。

6.2 电磁-图像型磨粒传感器在线监测技术的齿轮磨损监测试验研究

6.2.1 齿轮磨损油液监测实验台

齿轮磨损过程的分析研究，必须在接近于实际运行状态下对齿轮磨损状态进行在线监测与评估。为实现齿轮磨损加速实验与磨损监测数据的积累，齿轮试验台是不可或缺的。当前齿轮实验台的种类繁多，从原理上可分为：功率开放式、封闭电功率流式和封闭力流式等[200]。功率开放式试验台结构简单、加载方便，但能量消耗大，电机容量要求大，适合于齿轮传动的噪声、动载荷以及传动效率等轻载短时间运转实验研究，不适合于长期重载运转实验；封闭电功率流式试验台机械结构上与功率开放型试验台类似，齿轮箱输出端接发电机，运行过程中发电机产生的电能返回给输入端的电机或反馈给电网[201]，从而形成闭环系统，减小电能消耗，但进行重载实验时所需电机容量仍较大；封闭力流式试验台主要由陪试齿轮箱、试验齿轮箱和加载装置等组成一个封闭的机械系统，实验过程中试验齿轮副始终承受由弹性扭力轴变形而施加的载荷，所需驱动电机容量要求较小，只需要补偿运行过程中的摩擦损耗，适合于长期重载运转实验。封闭力流式齿轮试验台应用广泛，常见的主要有德国慕尼黑工业大学齿轮研究中心开发的 FZG 试验台[202]，Ryder 齿轮试验机[203]和美国的 NASA 齿轮试验机[204]等。其中，FZG 试验台是运用最为广泛的试验台，根据该试验台的实验结果已经形成了相关的 ISO 标准[205]。国内在借鉴 FZG 试验台的基础上也开发出了多种型号的试验台[206-208]。齿轮磨损加速实验属长期加载运行试验，封闭力流式齿轮试验台较为合适。

如图 6-10 所示，试验台由实验齿轮箱和陪试齿轮箱组成，两个齿轮箱的传动比相同。两齿轮箱由一根弹性扭力轴和一根刚性轴相连，刚性轴通过鼓形齿式联轴器与齿轮箱相连，弹性扭力轴两端分别用鼓形齿式联轴器和差分空加载联轴器与齿轮箱相连。试验台由三相交流电机加 V 型带传动进行驱动。为便于试验台拆装，选用欧标皮带轮。试验齿轮采用大模数、小齿宽试验齿轮，设置合适的变位系数，实现齿轮磨损强化试验，缩短试验时间。该试验台加载扭矩大，外加驱动力只需克服系统摩擦力，外加载荷小。齿轮磨损油液监测试验台的设计参数如表 6-3 所示，该试验台可以进行齿轮磨损油液的在线监测，适用于齿轮的点蚀、胶合以及低速磨损等失效的成形机理和发展规律研究。

(a)实物图

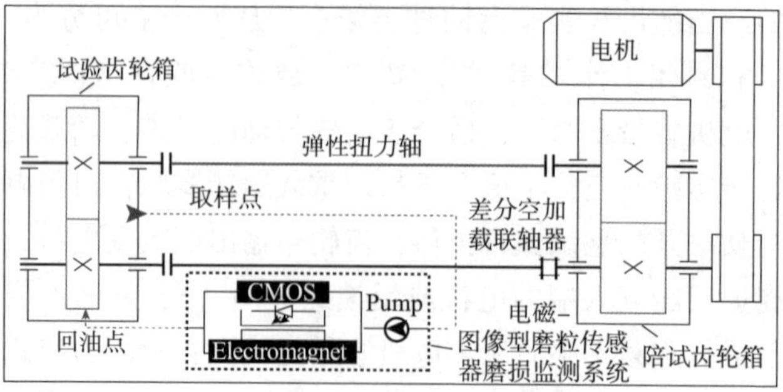

(b)原理图

图 6-10 封闭力流式齿轮磨损油液监测试验台

表 6-3 齿轮磨损油液监测试验台设计参数

参数	小齿轮	大齿轮
齿数	17	24
模数/mm	6	6
压力角/(°)	20	20
变位系数	0. 282	0. 0707
齿宽/mm	10	10
中心矩/mm	125	
润滑油体积/L	2	
最大加载扭矩/MPa	2192	
电机功率/kW	3	
转速/rmp	1450	
润滑方式	油浴润滑	

图 6-11 为透射光和反射光下同一沉积谱的电磁-图像型磨粒传感器在线监测技术磨损监测结果。其中电机输入转速 1500r/min，输入扭矩 72N · m。实验齿轮在电磁-图像型磨粒传感器磨损监测系统三个取样周期内，齿轮箱中的磨粒迅速增加，产生剧烈磨损。运行 6min 后，试验齿轮的拆解结果如图 6-12 所示，齿顶部分存在垂直于节线方向的撕裂沟痕，齿面产生了严重的胶合[209]。该实验条件下，齿轮的磨损过程没有明显的磨合磨损，稳定磨损和剧烈磨损三个典型的磨损阶段，无法反映实际齿轮的磨损过程。为更真实的模拟齿轮的磨损过程，本文运用平衡滑动原则(Balanced Specific Sliding)，调节齿轮几何参数满足小齿轮齿顶啮合终止点处的滑动系数与大齿轮齿顶啮合起始点处的滑动系数相等，从而分配齿轮变位系数。试验齿轮的参数如表 6-3 所示。

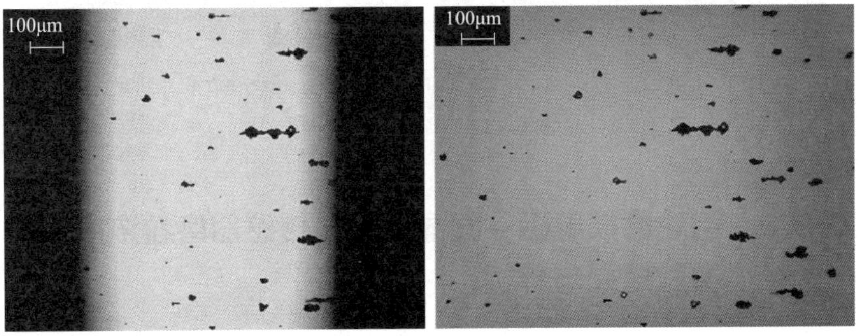

(a)2min

图 6-11 典型谱片

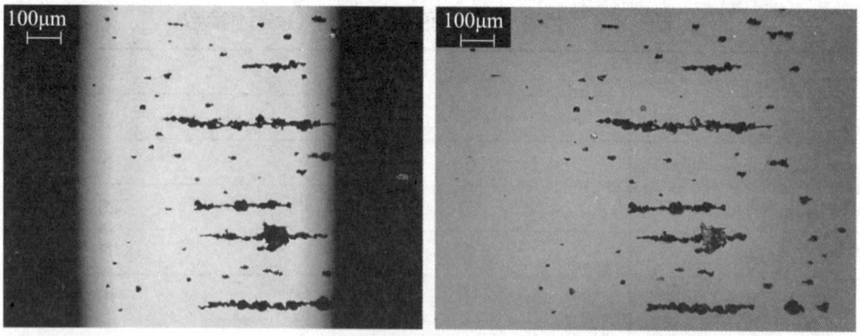

(b)4min

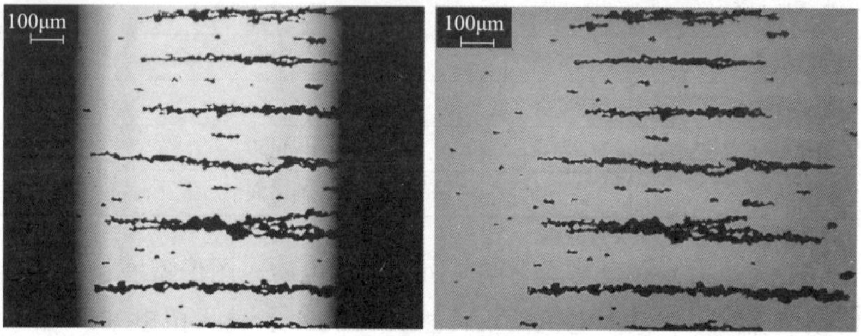

(c)6min

图 6－11　典型谱片(续)

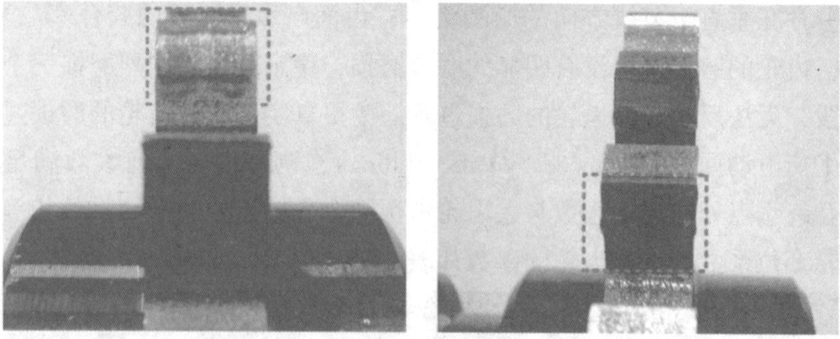

(a)大齿轮　　(b)小齿轮

图 6－12　实验后的齿面

6.2.2　齿轮磨损电磁－图像型磨粒传感器磨粒浓度监测实验结果与分析

在封闭力流式齿轮磨损试验台上进行齿轮磨损加速实验，电磁－图像型磨粒传感器对齿轮箱进行磨损在线监测，实验过程中保持载荷不变。设定合适的沉积流量和励磁磁势实现磨粒在电磁－图像型磨粒传感器中的无堆叠沉积[210]，其中取样量为2mL，沉积流量为4mL/min，励磁磁势为800AT，取样间隔为2min。采用电磁－图像型磨粒传感器分别捕获透射光和反射光谱片，对两组齿轮磨损磨粒浓度监测数据进行分析。

采用透射光谱片提取磨粒浓度监测数据的第一组实验初始条件如表6－4所示。实验结果如图6－13所示，磨合期内，*IPCA*值迅速上升，达到峰值后缓慢下降，在12h左右达到平稳，齿轮进入磨损稳定期。图6－14为齿轮磨合期内典型的透射光谱片，可以看到随着磨合的进行，大磨粒数量逐渐减小。实验进行到15h34min时，*IPCA*由356跳变为1287，图6－15为*IPCA*跳变前后的透射光谱片。由图可知，此时齿轮箱中的磨粒浓度迅速增加，大磨粒明显增多，齿轮产生异常磨损。但是齿轮异常磨损发生前，透射光谱片并没有表现出明显的征兆。随着时间的推移，*IPCA*呈下降趋势，齿轮异常磨损有所缓和。但在18h46min时，*IPCA*由739跳变至1509，并迅速上升，齿轮产生不可逆转的剧烈磨损，最后产生失效。图6－16为*IPCA*第二次跳变前后的透射光谱片，磨粒浓度呈阶跃变化。由监测结果可知，*IPCA*两次发生异常磨损前*IPCA*曲线和透射光谱片，都没有表现出明显征兆。

表6－4　第一组实验的初始条件

实验件	表面硬度	材料	表面粗糙度/μm	载荷/(N·m)
小齿轮	HBS 197	45钢	2～3	100
大齿轮	HBS 219			

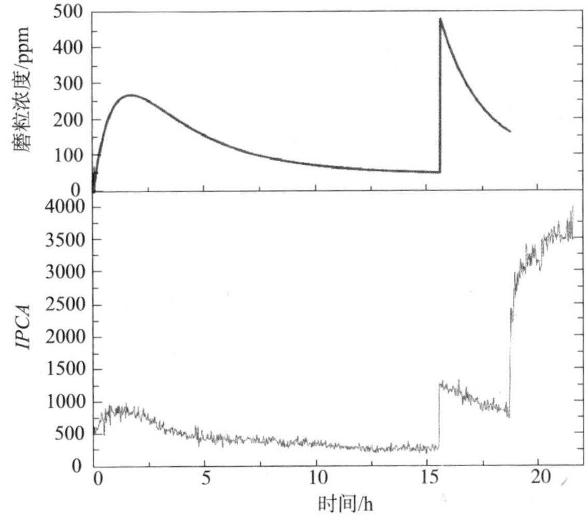

图6－13　第一组实验的*IPCA*与磨粒浓度变化对比

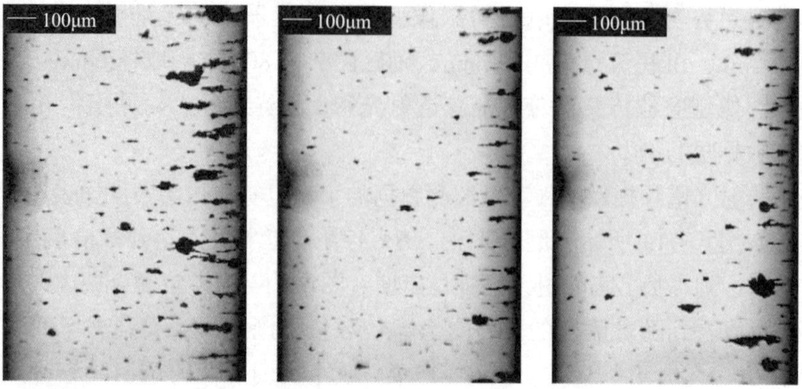

(a)2h (b)4h (c)6h

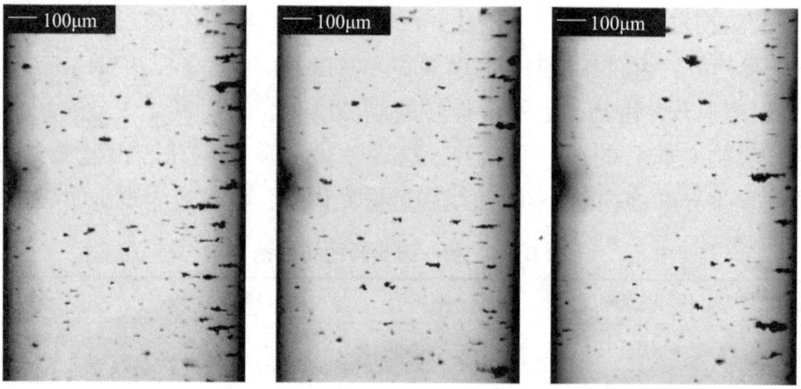

(d)8h (e)10h (f)12h

图 6 - 14　第一组实验 0 ~ 12h 内的代表性透射光谱片

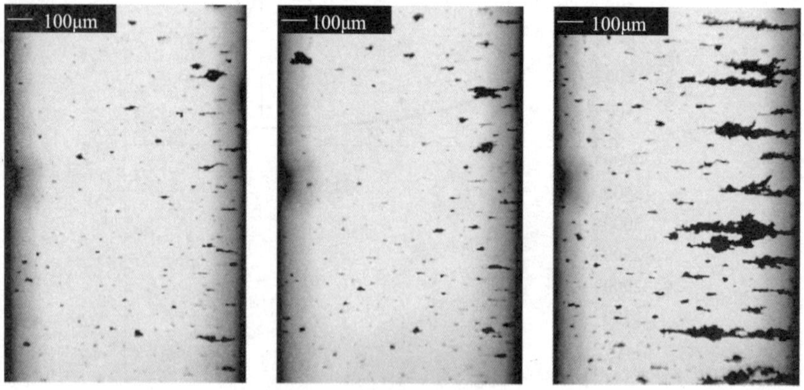

(a)15h30min (b)15h32min (c)15h34min

图 6 - 15　第一组实验 *IPCA* 第一次跳变前后的透射光谱片

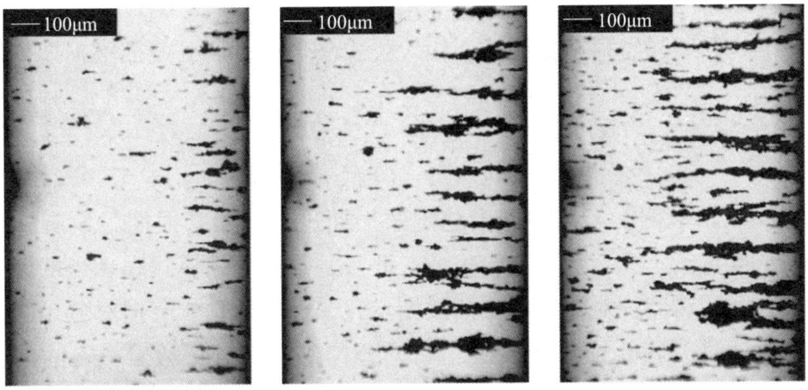

(a)18h42min (b)18h44min (c)18h46min

图 6-16 第一组实验 *IPCA* 第二次跳变前后的透射光谱片

根据参考文献[115]获得的齿轮磨损全生命期内的磨粒浓度模型具体如下：

(1)磨合磨损期

引入参数 b，从而计入材料、齿面粗糙度、润滑剂、扭矩和转速等因素对齿轮磨损系数的影响。设磨粒沉降系数 f 为常数，齿轮箱中初始时刻的磨粒浓度为 0，则磨合期内齿轮箱中的磨粒浓度变化表达式为

$$s=\begin{cases}\dfrac{m_{w0}-m_{ws}}{(f-b)V}\cdot e^{-bt}-\left(\dfrac{m_{w0}-m_{ws}}{(f-b)V}+\dfrac{m_{ws}}{Vf}\right)\cdot e^{-ft}+\dfrac{m_{ws}}{Vf}, & (f\neq b)\\ \dfrac{m_{w0}-m_{ws}}{V}\cdot t\cdot e^{-bt}-\dfrac{m_{ws}}{Vf}\cdot e^{-bt}+\dfrac{m_{ws}}{Vf}, & (f=b)\end{cases} \tag{6-1}$$

式中，V 为齿轮箱中的在用润滑油体积；t 为运行时间；初始时刻的磨损率 $m_{w0}=AI_{h0}$，稳定期磨损率 $m_{ws}=AI_{hs}$，其中，I_{h0} 为初始时刻的磨损系数，I_{hs} 为磨损稳定期的磨损系数，A 为一对齿轮副的接触面积。

(2)稳定磨损期

稳定磨损期内，齿轮啮合接触状态保持相对稳定，磨损率保持不变，$I_h=I_{hs}$，代入方程(6-1)得到稳定磨损期内齿轮箱中的磨粒浓度为

$$s=\left(s_0-\frac{m_{ws}}{Vf}\right)\cdot e^{-ft}+\frac{m_{ws}}{Vf} \tag{6-2}$$

式中，s_0 为初始时刻的磨粒浓度。

(3)剧烈磨损期

长时间的稳定磨损后，齿轮啮合接触状态逐渐产生不可逆转的恶化，磨损率持续增加，可用指数函数来进行建模。则剧烈磨损期内，I_h 可表示为

$$I_{\mathrm{h}} = I_{\mathrm{hs}} \cdot \mathrm{e}^{ct} \tag{6-3}$$

式中，参数 c 与磨损模式相关，代入公式(6 - 1)中得到剧烈磨损期内的磨粒浓度变化为

$$s = \frac{m_{\mathrm{ws}}}{(f+c) \cdot V} \cdot \mathrm{e}^{ct} + \frac{cm_{\mathrm{ws}}}{(f+c) \cdot f \cdot V} \cdot \mathrm{e}^{-ft} \tag{6-4}$$

公式(6 - 4)表明，当齿轮副由稳定磨损期进入剧烈磨损期且没有补救措施时，磨粒浓度持续上升，直到齿轮失效。此外，不同磨损模式表现出的磨损过程不尽相同，如疲劳磨损对应磨损率的逐渐变化，而剧烈黏着磨损对应了磨损率的急剧变化。通过上述磨粒浓度模型建立了磨粒浓度与齿轮磨损率之间的映射关系，对齿轮箱在用润滑油进行在线取样分析，获取磨粒浓度变化信息，能够反映齿轮箱的全生命期磨损过程。

结合公式(6 - 1)、公式(6 - 2)及公式(6 - 4)计算得到磨粒浓度变化曲线，结果如图 6 - 13 所示。由 Kragelsky 齿轮磨损模型计算在 100N · m 载荷作用下，齿轮稳定期磨损率 $m_{\mathrm{ws}} = 95.75\mathrm{mg/h}$。设齿轮磨损初期的磨损率为稳定期磨损率的 10 倍，则 $m_{\mathrm{w0}} = 975.5\mathrm{mg/h}$。选择参数 $f = 1.15$、$b = 0.3$，使得齿轮副的磨合时长约 10h。由齿轮箱磨合磨损期内磨粒浓度公式(6 - 1)可以得到磨合期内的磨粒浓度 s 为

$$s = 506\mathrm{e}^{-0.3t} - 548\mathrm{e}^{-1.15t} + 42 \tag{6-5}$$

设齿轮在 15h34min 时，产生瞬间异常磨损使得磨粒浓度迅速增加到 480ppm，此后磨损状态没有继续恶化，而是在此基础上进行磨合达到新的平衡。假设磨合后，新的稳定磨损率为产生异常磨损前的 2 倍(191.5mg/h)。设初始磨损率为稳定磨损率的 5 倍，参数 f 和 b 保持不变，则 15h34min 后，齿轮箱中的磨粒浓度为

$$s = 451\mathrm{e}^{-0.3t} - 492\mathrm{e}^{-1.15t} + 439 \tag{6-6}$$

18h46min 后齿轮失效，模型不再适用，因为此时齿轮箱已经失效。对失效后的齿轮副磨损过程进行监测与建模分析已没有太大价值。如图 6 - 13 所示，在不同磨损阶段，由磨粒浓度模型计算得到的磨粒浓度变化规律与 *IPCA* 曲线的变化是一致的。

采用反射光谱片提取磨粒浓度监测数据的第二组实验初始条件，如表 6 - 5 所示，实验结果如图 6 - 17 所示。图 6 - 18 为磨合期内的 *IPCA* 曲线，初始时 *IPCA* 快速上升然后逐渐下降，最后在 5h 左右达到平衡，齿轮箱进入稳定磨损期。如图 6 - 19 所示的磨合阶段的典型反射光谱片，在此过程中，大磨粒数量明显下降。从 10h 开始，*IPCA* 上升，波动性随之增加，与此同时有大磨粒产生，如

表 6－5　第二组实验的初始条件

实验件	表面硬度	材料	表面粗糙度/μm	载荷/(N·m)
小齿轮	HBS 286	45 钢	2～3	200
大齿轮	HBS 306			

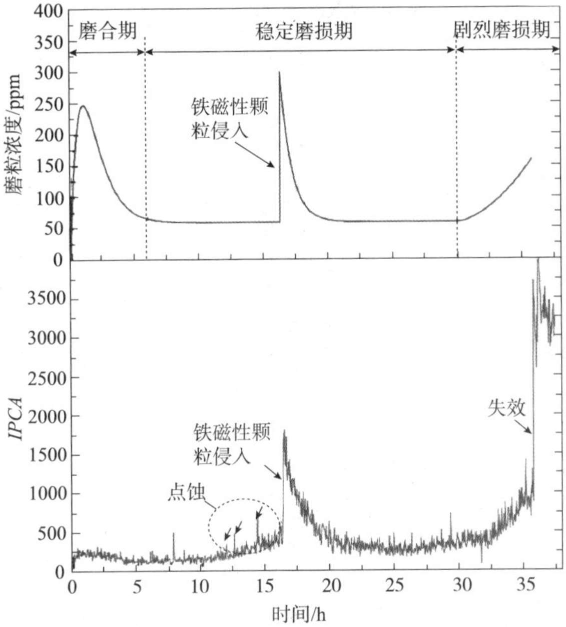

图 6－17　第二组实验 *IPCA* 与磨粒浓度变化对比

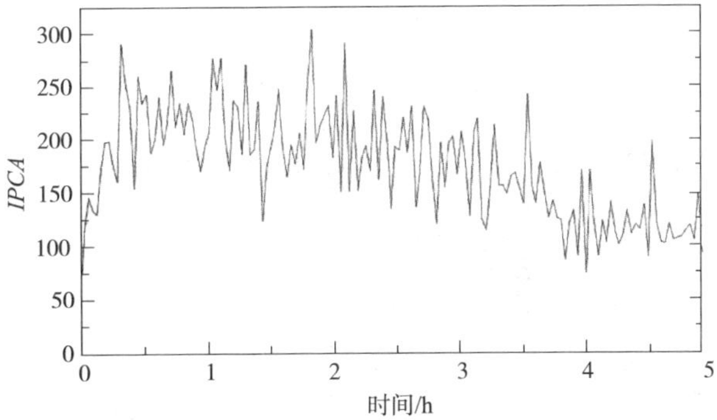

图 6－18　第二组实验磨合期 *IPCA* 曲线

图 6－20 所示。由磨粒形态特征，可以判断大磨粒为疲劳磨损颗粒[211]，此时齿面可能产生点蚀。检查发现，实验齿轮箱存在润滑油泄露，齿轮副的润滑条件恶

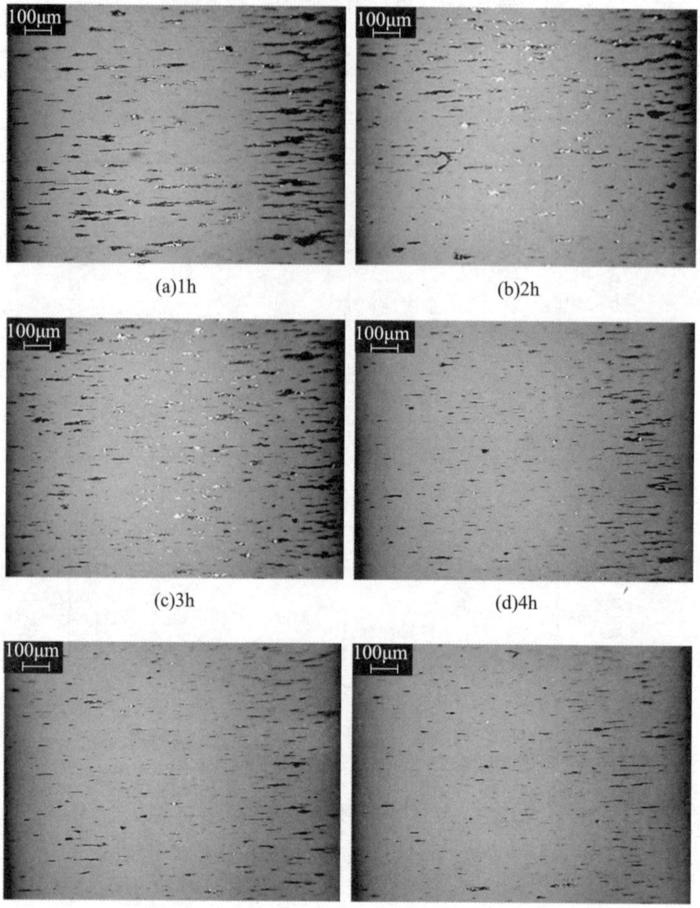

(a)1h (b)2h

(c)3h (d)4h

(e)5h (f)6h

图 6－19　第二组实验 0～6h 内代表性的反射光谱片

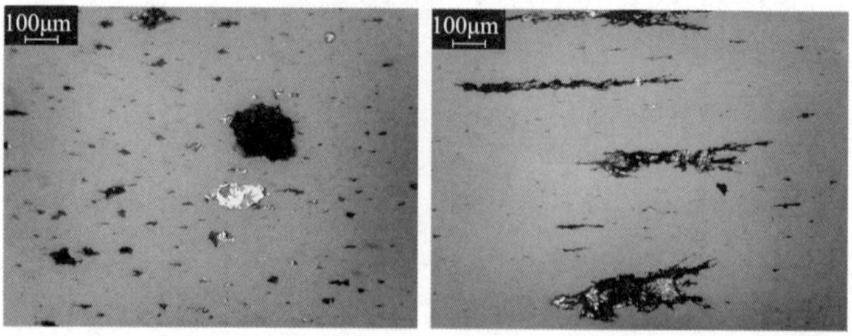

(a)12.5h (b)14.3h

图 6－20　12～16h 内代表性的反射光谱片

化，导致齿轮异常磨损。16.3h 时，添加润滑油齿轮磨损得到控制。但此时附着在齿轮和轴表面的磨粒被冲入润滑油中，磨粒浓度急剧上升，*IPCA* 跳变为 1630。之后，*IPCA* 逐渐下降，最后在 22h 左右达到新平衡。由于齿轮副产生异常磨损，新 *IPCA* 平衡值大于润滑油泄漏前的平衡值，齿轮的异常磨损得到控制，但磨损率较原来有所增加。从大约 30h 开始，监测曲线波动增加，*IPCA* 持续上升。如图 6－21 所示，在反射光谱片中不断有大磨粒出现，齿轮副进入剧烈磨损期。在 35.8h 时，*IPCA* 跳变超过 3000，并保持在这一高水平，齿轮箱失效。试验后的齿轮箱拆解结果如图 6－22 所示，实验齿轮齿面损伤严重。图 6－23 为齿面电镜图，齿面存在疲劳裂纹和材料剥落[图 6－23(a)]，齿面存在点蚀。此外，齿顶部分存在垂直于节线方向的撕裂沟痕，齿面产生了严重的胶合[209][图 6－23(b)]。

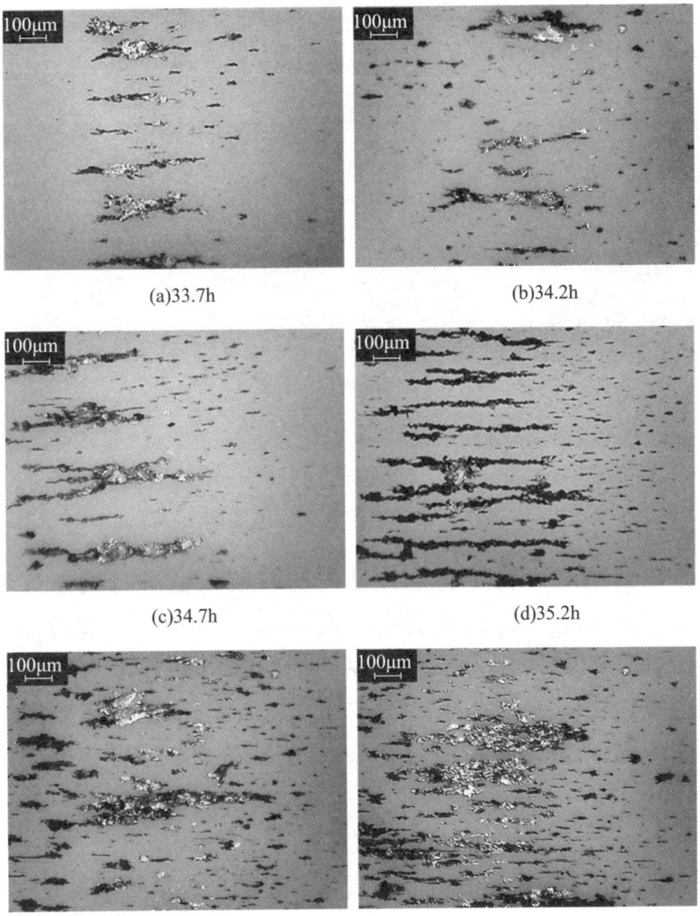

(a)33.7h　(b)34.2h

(c)34.7h　(d)35.2h

(e)35.7h　(f)35.8h

图 6－21　剧烈磨损期的典型反射光谱片

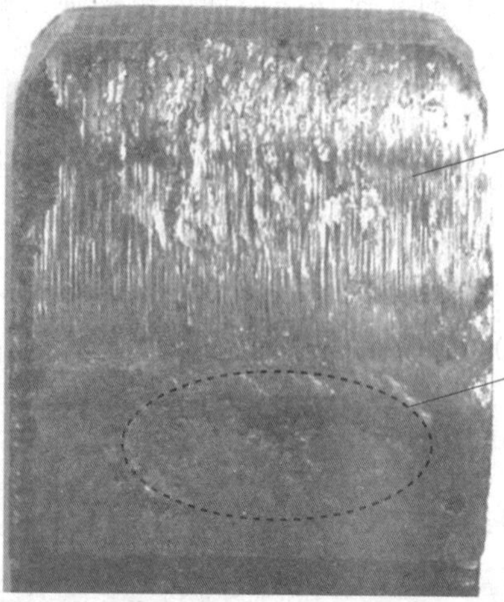

图 6－22　齿轮磨损失效后的齿面

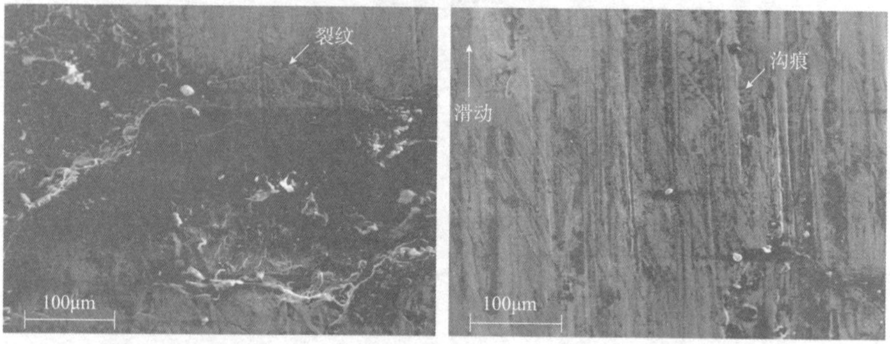

(a)点蚀　　(b)胶合

图 6－23　小齿轮表面电镜图

由磨粒浓度模型对齿轮箱全生命期内的磨粒浓度进行模拟计算，结果如图 6－17 所示。由 Kragelsky 齿轮磨损公式计算在 200N · m 载荷作用下，齿轮稳定期磨损率 $m_{ws}=135.2\text{mg/h}$，设齿轮磨损初期的磨损率为稳定期磨损率的 10 倍，则 $m_{w0}=1352\text{mg/h}$。选择参数 $f=1.15$、$b=1$，使得齿轮副的磨合时长约等于 5h。由齿轮箱磨合磨损期内磨粒浓度公式(6－1)可获得润滑油中的磨粒浓度 s 为

$$s=4056\mathrm{e}^{-t}-4115\mathrm{e}^{-1.15t}+59 \tag{6-7}$$

假设 16.3h 时有大量的铁磁性颗粒侵入齿轮箱中，磨粒浓度跳变为 300ppm，参数 f 保持不变，则由齿轮箱稳定磨损期内磨粒浓度公式(6－2)得到磨粒浓度 s 为

$$s = 241e^{-1.15(t-16.3)} + 59 \tag{6-8}$$

根据基于电磁-图像型磨粒传感器反射光谱片的磨损监测所得的 *IPCA* 曲线，选择 30h 作为稳定磨损期过渡到剧烈磨损期的转变点。参数 f 保持不变，$c = 0.2$，则由齿轮箱剧烈磨损期内磨粒浓度公式(6-4)得到剧烈磨损阶段的磨粒浓度 s 为

$$s = 50e^{0.2(t-30)} + 9e^{-1.15(t-30)} \tag{6-9}$$

由公式(6-7)~公式(6-9)可得到润滑油中的磨粒浓度变化曲线，如图 6-17 所示。

在磨合期，磨粒产生速率大于下沉速率，随着齿轮副啮合接触状态的改善磨损率下降，磨粒产生速率降低，小于磨粒下沉的速率，磨粒浓度呈先升后降的规律。在稳定磨损期，磨粒浓度保持不变。当大量的铁磁性颗粒侵入齿轮箱时($s_0 > s_{eq}$)，随着磨粒下沉，磨粒浓度从 s_0 逐渐下降到 s_{eq}。在齿轮磨损后期，磨损率具有较大的不确定性，可能呈渐进增长，也可能出现阶跃变化。

(1)磨粒粒度变化规律

对两组试验数据运用“多层随机筛分”算法[212]，获得不同粒径范围的 *IPCA* 随时间的变化规律，结果如图 6-24 和图 6-25 所示。由此可见，各粒径范围内 *IPCA* 的变化规律与图 6-13 和图 6-17 基本一致。如图 6-24 所示，在第一组实验的在磨合期内，在 *IPCA* 产生第一次跳变之前 $IPCA_{<30}$ 没有达到平稳状态，仍呈下降趋势。$IPCA_{30\sim60}$、$IPCA_{60\sim90}$ 和 $IPCA_{>90}$ 达到平稳的时间分别约为 12.5h、10h 和 7.5h。在 *IPCA* 产生两次跳变过程中，$IPCA_{30\sim60}$、$IPCA_{60\sim90}$ 和 $IPCA_{>90}$ 都表现出明显的阶跃变化，但 $IPCA_{<30}$ 表现为渐变规律。如图 6-25 所示，在第二组实验的磨合期内，$IPCA_{>90}$ 没有明显的变化规律，而 $IPCA_{<30}$、$IPCA_{30\sim60}$ 和 $IPCA_{60\sim90}$ 都表现出明显的先上升后下降的规律。10h 后，齿轮由于润滑油泄漏产生异常磨损，$IPCA_{<30}$ 变化不明显，而 $IPCA_{30\sim60}$、$IPCA_{60\sim90}$ 和 $IPCA_{>90}$ 呈明显的上升趋势。当有大量铁磁性颗粒侵入后，$IPCA_{<30}$、$IPCA_{30\sim60}$、$IPCA_{60\sim90}$ 和 $IPCA_{>90}$ 达到平稳的时间分别约为：26h、25h、23h 和 20h。粒径越大沉降速度越快，达到平稳所需的时间越短。30h 后，齿轮进入剧烈磨损期，各粒径范围的 *IPCA* 值都呈明显的上升趋势。35.8h 时，齿轮产生剧烈磨损，齿轮失效，反射光谱片中磨粒堆积，$IPCA_{>90}$ 呈阶跃变化，而其他粒径范围的 *IPCA* 值虽有上升，但没有明显的阶跃变化。由此可知，齿轮磨损过程中，粒径 $<30\mu m$ 的磨粒对于齿轮磨损状态的响应速度较慢，能反映齿轮磨损量的变化规律，但不能可靠地侦测齿轮异常磨损，特别对于发展迅速的齿轮胶合磨损。

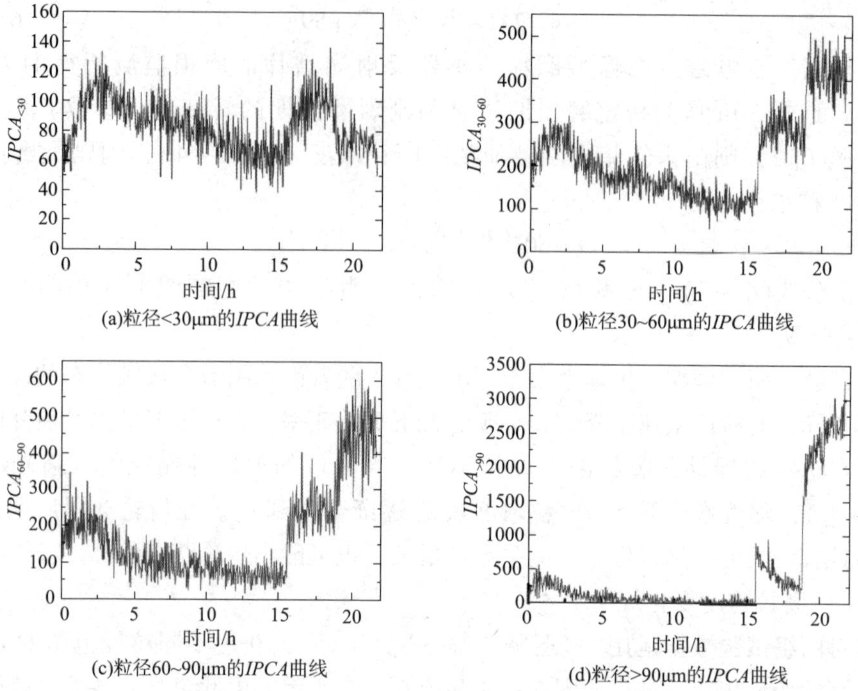

图 6－24　第一组实验不同粒径范围的 *IPCA* 曲线

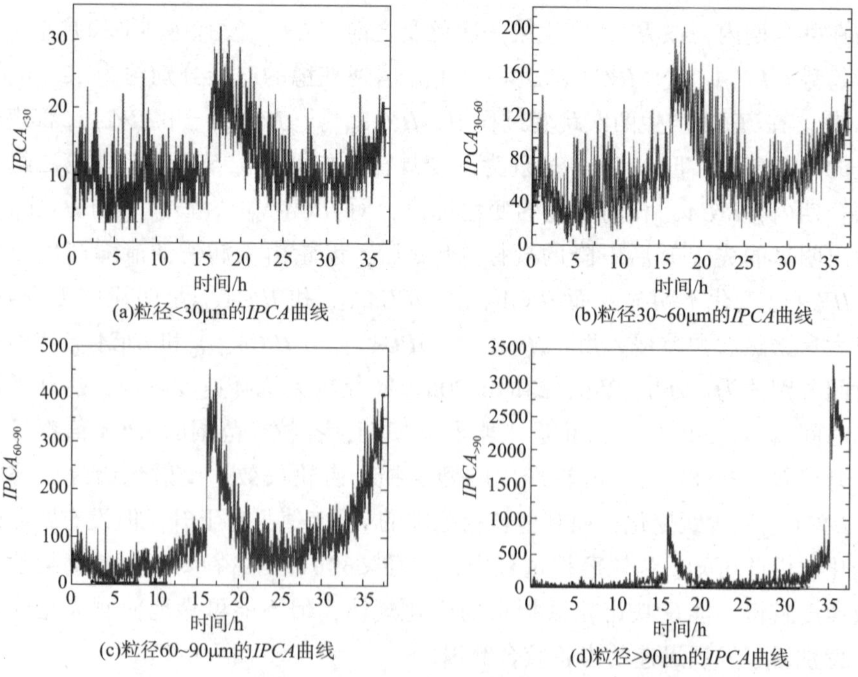

图 6－25　第二组实验不同粒度范围的 *IPCA* 随时间的变化

(2)基于电磁-图像型磨粒传感器在线监测技术的齿轮异常磨损侦测

由 *IPCA* 曲线的波动性，可提取更多的齿轮磨损信息。如图 6-17 所示，*IPCA* 曲线中箭头所指的冲击信号对应的反射光谱片包含大磨粒。运用 Savitzky-Golay 滤波器对监测数据进行处理，得到 *IPCA* 曲线的高频信号和平滑信号，如图 6-26 所示。由于齿轮异常磨损，在 10~22h 和 32~37.4h 两个时间段内，磨损率不稳定。相对于稳定磨损期，*IPCA* 曲线表现出更大的波动性，对应的反射光谱片中出现大量大磨粒，如图 6-20 和图 6-21 所示。大磨粒导致 *IPCA* 值发生大的变化，*IPCA* 的波动性大小反映了润滑油中大磨粒的多少，从而反映齿轮箱的磨损烈度，由 *IPCA* 曲线的波动性可侦测齿轮异常磨损。

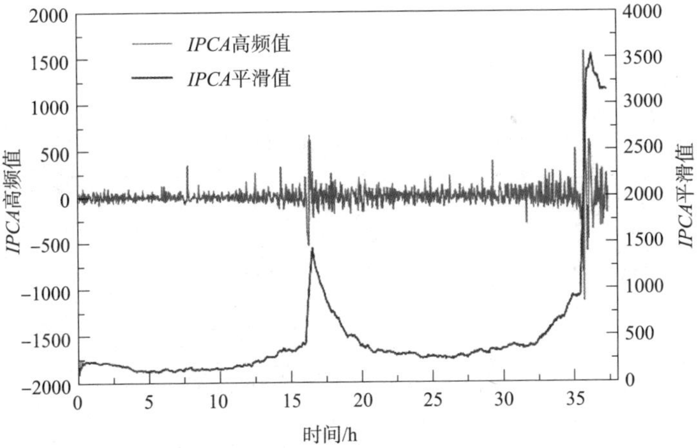

图 6-26 *IPCA* 曲线 Savitzky-Golay 平滑滤波结果

对于渐变型的齿轮磨损，可根据 *IPCA* 曲线的波动性来判断有无异常磨损，但对于齿轮胶合，仅凭 *IPCA* 的波动性变化难以预测齿轮胶合。如图 6-27 所示的

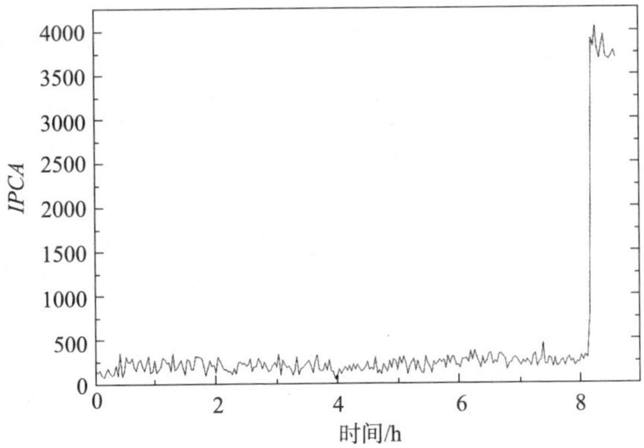

图 6-27 齿轮磨损 *IPCA* 曲线

一组齿轮磨损的监测数据，实验初始条件如表 6－6 所示，在 8h12min 时 *IPCA* 急剧增加，齿轮产生胶合失效。图 6－28 为齿轮产生胶合前后的反射光谱片，由图可知，电磁－图像型磨粒传感器磨损监测系统在齿轮胶合失效前侦测到了异常磨损信号。但在如图 6－13 所示的监测中，*IPCA* 在产生第一次跳变前，*IPCA* 的波动性没有明显变化，各粒径范围的 *IPCA* 值也没有明显的征兆。目前 2min 的取样间隔太大，难以侦测齿轮胶合。

表 6－6　实验的初始条件

实验件	表面硬度	材料	表面粗糙度/μm	载荷/(N·m)
小齿轮	HBS234	45 钢	2～3	200
大齿轮	HBS274			

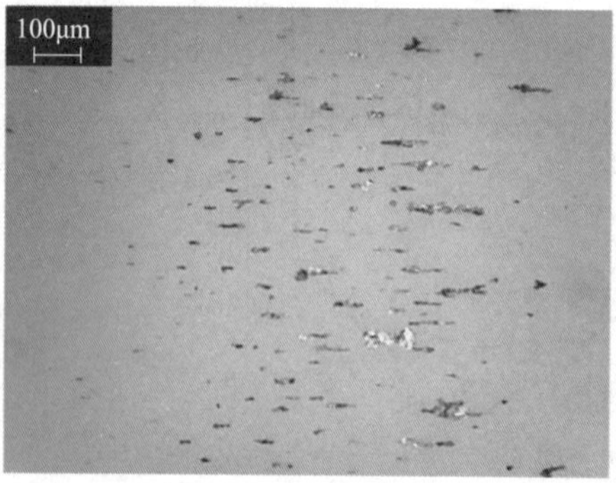

(a)8h6min

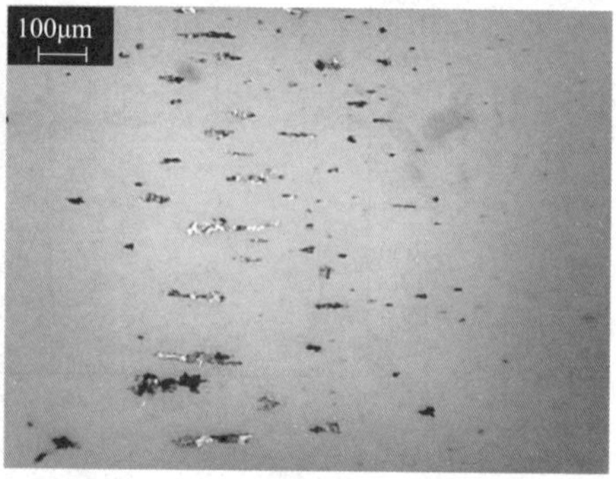

(b)8h8min

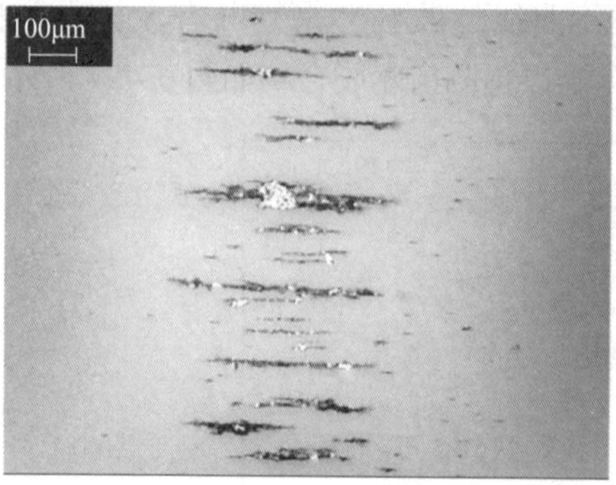

(c)8h10min

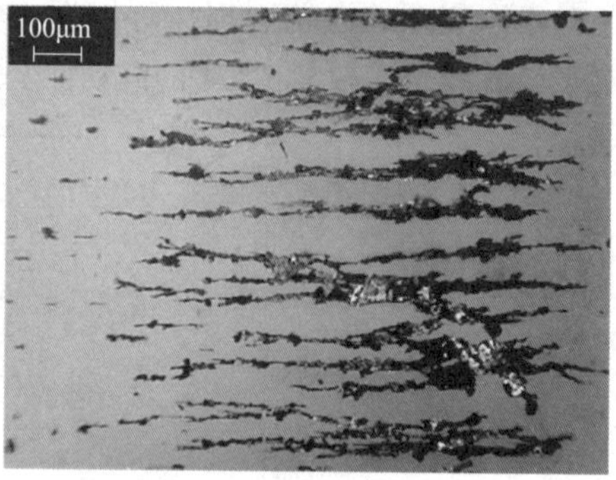

(d)8h12min

图 6－28　典型的反射光谱片

6.3 本章小结

本章通过研究电磁–图像型磨粒传感器在线监测技术在发动机台架试验的应用，开发了发动机台架试验磨损监测系统，研究了针对发动机台架试验的电磁–图像型磨粒传感器参数设置和实时监测方法；开展了齿轮磨损 OLVF 磨粒浓度监测的实验研究，监测结果验证建立的磨粒浓度与齿轮磨损率之间的映射关系，验证了电磁–图像型磨粒传感器在线监测技术应用于齿轮磨损状态监测之可行性，并得到以下结论：

(1)将基于电磁–图像型磨粒传感器在线监测技术的发动机磨损监测系统应用于工程中，通过试验数据发现 *IPCA* 趋势曲线能够在一定程度反映发动机的异常磨损，从而证明电磁–图像型磨粒传感器在线监测技术对于发动机台架试验的实时磨损监测具有一定成效。

(2)齿轮磨损加速实验结果表明，在不同磨损阶段内，监测所得的*IPCA* 曲线与磨粒浓度模型计算结果相符。电磁–图像型磨粒传感器在线监测技术可通过磨粒浓度指标表征快速磨损变化，进行齿轮磨损状态在线监测，从而证明了该技术应用于实际工程的有效性和可行性。

7 电磁－图像型磨粒传感器在线监测技术研究展望

实现机械装备磨损在线监测与早期故障诊断意义重大，电磁－图像型磨粒传感器在线监测技术作为一项重要的磨损在线监测手段，已在机械装备磨损在线监测与早期磨损故障分析方面得到了初步应用。显微成像作为电磁－图像型磨粒传感器的技术核心，用于获取磨粒图像信息，提取磨粒特征参数分析磨损。首先，本书开展电磁－图像型磨粒传感器嵌入式显微成像技术与反射光磨粒视觉特征提取方法研究。建立了嵌入式显微成像系统等效光路模型，确定了基于单板机镜头的工业型在线原位磨粒监测显微成像机构的光学设计参数；提出了显微成像用单板机镜头选取方法，开发了提高照明均匀性的环形 LED 阵列反射光源，设计了光学倍率可调的电磁－图像型磨粒传感器嵌入式显微成像系统；提出了电磁－图像型磨粒传感器，分析了其嵌入式显微成像系统像面均匀性，评价了磨粒显微成像质量，实验表明，实现了磨粒图像可靠获取。此外，提出了基于 UDCT 的透射光谱片抗干扰二值化算法，提高了透射光谱片二值化精度；提出了基于分水岭与 H－minima 变换的反射光谱片磨粒图像辨识算法，能够校正谱片图像的局部极值，从而抑制噪声干扰，提高磨粒图像识别精度，减少了分水岭的过度分割，实现了透射光与反射光下磨粒浓度特征参数准确提取。在此基础上，分别开展基于电磁－图像型磨粒传感器在线监测技术的发动机磨损监测台架试验和齿轮磨损磨粒浓度监测实验，监测数据与实验结果验证了电磁－图像型磨粒传感器用于磨粒浓度在线监测的有效性，以及进行机械设备磨损在线监测的可行性。

为提高基于油液磨粒特征信息提取的异常磨损故障在线监测技术水平，本书开展了电磁－图像型磨粒传感器在线监测技术研究，在推动该技术发展方面取得了部分研究成果，但仍有几项技术问题亟待解决和完善：

一方面，第四章中油液衰减系数测试结果可见，电磁－图像型磨粒传感器能从油液衰减系数小于或等于 2.0 的在用润滑油液中可靠获取磨粒图像，但对于低透光率油液，尤其是油液衰减系数大于 2.0 或不透明油液则不能获取。分析原因在于 CMOS 像面与磨粒沉积谱之间存在油层干扰，光线需透过油层才能实现磨粒成像，油液颜色是影响磨粒图像清晰度的决定性因素，油液颜色越黑，光能量在油中的散射吸收损耗越大，造成 CMOS 像面接受的光照度减小，磨粒成像对比度越低。实际中由于油液氧化及杂质污染等原因导致装备在用油液的透明度不同程度降低[213]，尤其对于柴油发动机和内燃机，烃类燃料的不完全燃烧造成油液变黑[214]，导致黑油状态下电磁–图像型磨粒传感器丧失了磨粒图像获取能力，亦无法进行磨粒监测。所以，有必要用磨粒反射光显微成像机理，分析油液衰减系数对电磁–图像型磨粒传感器显微成像性能的影响，并开发可从低透光或不透光油液中可靠获得磨粒视觉信息的新型磨粒传感器，使得黑油状态下装备异常磨损在线监测成为可能。

另一方面，现有电磁–图像型磨粒传感器的油液流量小于 10mL/min，影响磨粒浓度特征提取的磨损监测精度。所以，在不影响磨粒沉积规律的前提下，优化该传感器结构，以提高其通油量，此外，研究高梯度励磁装置的磁场吸附方式，提高循环油液过程中的磨粒沉积效率，以增大油液取样量；同时获取磨粒沉积取样过程中的视频图像，并从中同步提取每一帧图像的磨粒浓度指标表征磨损，实现电磁–图像型磨粒传感器无周期连续采样的磨粒在线监测，提高异常磨损辨识精度。另外，电磁–图像型磨粒传感器的反射光谱片中包含了丰富的磨粒视觉信息，应重点开发反射光磨粒特征提取与磨粒链分割算法，发展大磨粒形态、颜色及纹理等视觉特征信息的自动识别方法，为装备异常磨损在线监测与健康状态预测奠定基础。开展电磁–图像型磨粒传感器在线监测技术与电感、超声及应力波监测方法融合的设备磨损状态监测研究，分析存在的不足并持续改进，提高磨损在线监测技术的实用化水平。

参考文献

[1]谢友柏．摩擦学科学及工程应用现状与发展战略研究[M]．北京：高等教育出版社，2009.

[2]金锡志．机器磨损及其对策[M]．北京：机械工业出版社，1996：2.

[3]殷勇辉．基于电感测量和光纤技术的在线油液监测方法研究[D]．武汉：武汉理工大学能源与动力工程学院，2002.

[4]Jones M H. Tribology – A Key Element in Condition Monitoring[A]. Proc. of Inter. Conf on Condition Monitoring[C]. oxford，UK，2001，29 – 40.

[5]姜旭峰，费逸伟，李华强，钟新辉．航空发动机滑油综合监测技术研究[J]．润滑与密封，2005，2：110 – 115.

[6]左洪福．发动机磨损状态监控与故障诊断技术[M]．北京：航空工业出版社，1995.

[7]M・B・彼得森，W・O・怀纳．磨损控制手册[M]．汪一麟．译．北京：机械工业出版社出版，1994：4.

[8]梁华，杨明忠．机械设备磨损故障的分类与铁谱诊断的探讨[J]．润滑与密封，1995，1：20 – 24.

[9]任松．矿山大型液压设备安全状态智能监测、诊断系统的研究设计与实现[D]．重庆：重庆大学，2002.

[10]Li H，Zhang Y，Zheng H. Application of Hermitian wavelet to crack fault detection in gearbox [J]. Mechanical Systems & Signal Processing，2011，25 (4)：1353 – 1363.

[11]Zhang R，Gu F，Mansaf H，et al. Gear wear monitoring by modulation signal bispectrum based on motor current signal analysis[J]. Mechanical Systems & Signal Processing，2017，94：202 – 213.

[12]Bartelmus W，Chaari F，Zimroz R，et al. Modelling of gearbox dynamics under time – varying nonstationary load for distributed fault detection and diagnosis [J]. European Journal of Mechanics – A/Solids，2010，29 (4)：637 – 646.

[13]冯松，毛军红，谢友柏．齿面磨损对齿轮啮合刚度影响的计算与分析[J]．机械工程学报，2015，51(15)：27 – 32.

[14]Griffin SF. Metallic wear debris sensors：promising developments in failure prevention for wind turbine gearsets and similar components[J]. Proc Spie，2011，7979 (17)：843 – 845.

[15]Flanagan JM，Jordan JR，Whittington HW. Wear – debris detection and analysis techniques for lubricant – based condition monitoring[J]. Journal of Physics E Scientific Instruments，1988，

21 (11): 1011 –1021.

[16] Zhu X, Zhong C, Zhe J. Lubricating oil conditioning sensors for online machine health monitoring – A review[J]. Tribology International, 2017, 109: 473 –484.

[17] Newell, Gary E. Oil analysis cost – effective machine condition monitoring technique [J]. Industrial Lubrication and Tribology, 1999, 51(3): 119 –124.

[18] Xiao, H. L. The development of ferrography in China – Some personal reflections [J]. Tribology International, 2005, 38(10): 904 –907.

[19] 严新平. 油液监测技术应用软件的开发研究与展望[C]. 全国设备诊断技术会议论文集. 石家庄, 1993.

[20] 金元生, 材料耐磨抗蚀及其表面技术丛书编委会. 铁谱技术及在磨损研究中的应用[M]. 北京: 机械工业出版社, 1991: 1 –2.

[21] Roylance, B. J. Ferrography – Then and now [J]. Tribology International, 2005, 38 (10): 857 –862.

[22] 曹岳. 基于网络环境的油液监测数据采集与管理系统的研究[D]. 武汉: 武汉理工大学, 2004.

[23] 尹凤福, 周长城, 李润成, 荆元昌. 携式金属磨粒分析仪的研制[J]. 农业工程学报, 1998, 14(2): 119 –123.

[24] 日本润滑协会(日). 磨损[M]. 霍蔗辉. 译. 北京: 中国铁道出版社, 1985, 20 –96.

[25] 刘伟和. 在线磨粒监测技术评述[J]. 设备管理与维修, 1994, 10: 21 –22.

[26] 马怀祥, 淮公锁, 吕宝华. 磨损微粒监测技术述评[J]. 柴油机, 2000, 3: 26 –35.

[27] E Earl Graham. The use of ferrography to study the mechanism of wear [J]. Lubrication Engineerng, 1992, 48(3): 245 –252.

[28] 严新平, 谢友柏, 萧汉梁. 油液监测技术的研究现状与发展方向[J]. 中国机械工程, 1997, 8(1): 102 – Ⅷ.

[29] Peng, Z, Kessissoglou, N. An integrated approach to fault diagnosis of machinery using wear debris and vibration analysis[J]. Wear, 2003, 255(7 –12): 1221 –1232.

[30] Prabhakaran, Anand, Jagga, C. R. Condition monitoring of steam turbine – generator through contamination analysis of used lubricating oil[J]. Tribology International, 1999, 32(3): 145 –152.

[31] Puliyur Madhavan, Mike Steves, Pall Corporation, Gary Rosenberg, Pall Aerospace J. Schindler, Austin AL. Lubricant Condition Monitoring Using Filter Debris Analysis [J]. Practicing Oil Analysis Magazine, July 2004.

[32] Chapman, R. W., Hodges, D. J., Nowell, T. J. Micro to macro – Wear debris analysis as a condition monitoring tool [J]. Insight: Non – Destructive Testing and Condition Monitoring, 2002, 44(8): 498 –502.

[33] 王宏志, 关德林, 魏海军. 大力推广油液监测技术提高船舶维修管理水平[J]. 中国修船,

2002, 01: 21 - 24.

[34]袁祥波，陈学军，陈涧，等. 美军联合油料分析程序介绍[J]. 石油商技，2017，37(1)：1 - 3.

[35]刘兵，樊建春，张来斌，路彦珍. 在线磨损监测技术应用及发展[J]. 润滑与密封，2005，4：187 - 204.

[36]谭井坤，韩雪冬，张宝清，湛淑华，李钟模. 试论设备状态监测技术及选用[J]. 化工技术与开发，2002，31(4)：39 - 40.

[37]Williams, John A. Wear and wear particles - Some fundamentals[J]. Tribology International, 2005, 38(10): 863 - 870.

[38]周文新，周洪澍. 机械设备的油液监测技术[J]. 石油商技，2005，01：28 - 30.

[39]李生华，金元生，陈大融. 基于油液诊断与预报的机敏机器系统的概念与技术[M/OL]. http://part.newmaker.com/disp_ art/1230017/9793.html.

[40]Ahn, H. S., Yoon, E. S., Sohn, D. G., Kwon, O. K., Shin, K. S., Nam, C. H. Practical contaminant analysis of lubricating oil in a steam turbine - generator[J]. Tribology International, 1996, 29(2): 161 - 168.

[41]Centers, Phillip W. Oil monitoring technology [A]. IEEE Systems Readiness Technology Conference - Autotestcon '90, San Antonio, TX, USA, 1990: 523 - 528.

[42]Du L, Zhe J. An integrated ultrasonic - inductive pulse sensor for wear debris detection[J]. Smart Materials & Structures, 2017, 22 (2): 1330 - 1334.

[43]Wu TH, Wu HK, Ying D, et al. Progress and trend of sensor technology for on - line oil monitoring[J]. Chinese Science Bulletin, 2013, 56 (12): 2914 - 2926.

[44]马飞，高澜庆，陈旭. 油液污染度现场测定方法[J]. 金属矿山，1997，8：28 - 30.

[45]郑翔，朴甲哲，田洪祥. 磨粒监测技术及其应用[J]. 海军工程学院学报，1995，02：32 - 38.

[46]Sato Takuso, Ikeda Osamu, Hatsuzawa Takeshi, Linzer Melvin. Real - time evaluation of wear particles using electromagnetic forced rotation and laser scattering[J]. Wear, 1987, 115(3): 273 - 284.

[47]严新平. 从 Technology Showcase 2000 国际会议谈油液监测技术的发展[J]. 中国设备管理，2000，08：44 - 46.

[48]Ananth Annapragada, Akwete Adjei. An analysis of the Fraunhofer Diffraction method for particle size distribution analysis and its application to aerosolized sprays[J]. International journal of pharmaceutics, 1996, 127: 219 - 227.

[49]Zhenhua Ma, Henk G. Merkus, Jan G. A. E. de Smet, Camiel Heffels, Brian Scarlett. New developments in particle characterization by laser diffraction: size and shape [J]. Powder Technology, 2000, 111: 66 - 78.

[50]N. M. GAGINA, D. B. HANN, B. S. RINKEVICHIUS. A peculiarity of diffraction measurements

using a Gaussian laser beam[J]. Optics & Laser Technology, 1997, 29(8): 463 -468.

[51]Dieter Lehner, Gerhard Kellner, Heimo Schnablegger, Otto Glatter. Static Light Scattering on Dense Colloidal Systems: New Instrumentation and Experimental Results[J]. JOURNAL OF COLLOID AND INTERFACE SCIENCE, 1998, 201: 34 -47.

[52]Green D. A. , Naimimohasses R. , Smith P. R. , Thomason H. In - situ measurement and classification of oil pollution[J]. Environment International, 1995, 21(2): 245 -250.

[53]丁玉兰，石来德．机械设备故障诊断技术[M]．上海：上海科学技术文献出版社，1984：433.

[54]Yang Q M, Yang X T. YZ - 1 wear particle monitor[A]. Proceedings of an international conference on condition monitoring[C], Xi'an: China, March 1997: 196 - 198.

[55]Santilli R. The fulmer method of monitoring fluld abrasitivity as an indication of fluid condition and machine health[J]. British Journal of NDT, November 1989, 31: 605 -610.

[56]Whittington, H W, Flynn, B W, Mills, G H. A novel on - line wear debris monitor based on inductive transducer[A]. Conditon monitoring'91[C], Erding, Germany, 14 -16 May, 1991: 335 -338.

[57] Flynn, B. W. , Whittington, H. W. Improved transducer design for machine wear debris monitoring[J]. Electronics Letters, 1995, 31(3): 177 -179.

[58]殷勇辉，严新平，萧汉梁．感式磨粒监测传感器的磁场均匀性研究[J]．摩擦学学报，2001，21(3)：228 -231.

[59]Miller, J. L. , Kitaljevich, D. In -line oil debris monitor for aircraft engine condition assessment [A]. IEEE Aerospace Conference Proceedings[C], Big Sky, MT, 2000: 49 -56.

[60]Carl SB, David CS. Advances in real time oil analysis[J]. Practicing Oil Analysis Magazine, 2000, 11: 28 -34.

[61]Thomas T, Dag J. Experience with the Electronic Oil Debris Monitoring System of the General Electric GE90 Gas Turbine Engine on the Boeing 777 Aircraft. JOAP International Condition Monitoring Conference: Mobile, Alabama, 2000: 78 -85.

[62]黎琼炜．新型油液在线监控技术[J]．测控技术，2005，24（4）：6 -10.

[63]Muir D, Howe B. In -line oil debris monitor (ODM) for the advanced tactical fighter engine. Aerospace Atlantic Conference, May 22, 1996, 1996.

[64]Li C, Liang M. Enhancement of oil debris sensor capability by reliable debris signature extraction via wavelet domain target and interference signal tracking[J]. Measurement, 2013, 46 (4): 1442 -1453.

[65]Dempsey PJ. Gear damage detection using oil debris analysis[J]. Condition Monitoring And Diagnostic Engineering Management, 2001: 433 -440.

[66]Dempsey PJ, Morales W, Afjeh AA. Investigation of spur gear fatigue damage using wear debris [J]. Lubrication Engineering, 2002, 58 (11): 18 -22.

[67]Dempsey PJ, Sheng SW. Investigation of data fusion applied to health monitoring of wind turbine drivetrain components[J]. Wind Energy, 2013, 16 (4): 479 - 489.

[68]Miller JL, Kitaljevich D. In - line oil debris monitor for aircraft engine condition assessment[J]. 2000 Ieee Aerospace Conference Proceedings, Vol 6, 2000: 49 - 56.

[69]Zhu X, Zhong C, Zhe J. Lubricating oil conditioning sensors for online machine health monitoring - A review[J]. Tribology International, 2017, 109: 473 - 484.

[70]Tasbaz OD, Wood RJK, Browne M, et al. Electrostatic monitoring of oil lubricated sliding point contacts for early detection of scuffing[J]. Wear, 1999, 230 (1): 86 - 97.

[71] Wood RJK, Harvey TJ, Morris S, et al. Electrostatic monitoring of boundary and mixed lubrication[J]. Boundary And Mixed Lubrication: Science And Applications, 2002, 40: 83 - 92.

[72]Powrie H, Wood R, Harvey T, et al. Electrostatic charge generation associated with machinery component deterioration[C], 2002: 2927 - 2934.

[73]Powrie H. Use of electrostatic technology for aero engine oil system monitoring[C], 2000: 57 - 71.

[74]Wilson BW, Hansen NH, Shepard CL, et al. Development of a Modular In - Situ Oil Analysis Prognostic System. International Society of Logistics (SOLE) 1999 Symposium: Las Vegas, Nevada, 1999: 201 - 207.

[75]Lukas M, Anderson DP, Sebok T, et al. LaserNet Fines™ A New Tool for the Oil Analysis Toolbox[J]. 2002, Practicing Oil Analysis, 2010, 10(25): 1 - 6.

[76]Sebok T J, Sebok D R, Kolp J P. Tribological debris analysis system: US, 7019834[P]. 2006.

[77] Hamilton A, Cleary A, Quail F. Development of a Novel Wear Detection System for Wind Turbine Gearboxes[J]. IEEE Sensors Journal, 2013, 14 (2): 465 - 473.

[78]车易通．便携式在线图像可视铁谱仪软件研发及健康监测技术研究[D]. 西安：西安交通大学, 2015.

[79]Mabe J, Zubia J, Gorritxategi E. Photonic Low Cost Micro - Sensor for in - Line Wear Particle Detection in Flowing Lube Oils[J]. Sensors, 2017, 17 (3): 1 - 28.

[80]Mabe J, Zubia J, Gorritxategi E. Lens - free imaging - based low - cost microsensor for in - line wear debris detection in lube oils[C]// Photonic Instrumentation Engineering IV, San Francisco, CA, United states, January 31 - February 2, 2017.

[81]Peng Y, Wu T, Wang S, et al. Oxidation wear monitoring based on the color extraction of on - line wear debris[J]. Wear, 2015, s 332 - 333: 1151 - 1157.

[82]武通海，吴虹堃，彭业萍，等. 一种基于视频获取的润滑油磨粒在线监测探头：CN103257103 [S]. 2013.

[83]Wu T, Peng Y, Wang S, et al. Morphological Feature Extraction Based on Multiview Images for Wear Debris Analysis in On - line Fluid Monitoring[J]. A S L E Transactions, 2016, 60 (3):

408 – 418.

[84] Peng Y, Wu T, Wang S, et al. Motion – blurred particle image restoration for on – line wear monitoring[J]. Sensors, 2015, 15 (4): 8173 – 8191.

[85] Saqib W, Sherazi HI, Khan MA, et al. An intelligent system for machinery wear debris analysis using evolutionary algorithms[J]. Insight – Non – Destructive Testing and Condition Monitoring, 2016, 58(12): 1 – 7.

[86] Khan MA, Starr AG, Cooper D. A methodology for online wear debris morphology and composition analysis[J]. Proceedings of the Institution of Mechanical Engineers Part J Journal of Engineering Tribology, 2008, 222 (2): 785 – 796.

[87] Peng Y, Wu T, Wang S, et al. A microfluidic device for three – dimensional wear debris imaging in online condition monitoring[J]. Proceedings of the Institution of Mechanical Engineers Part J – Journal of Engineering Tribology, 2016, 231 (8): 965 – 974.

[88] Wu H, Kwok NM, Liu S, et al. A prototype of on – line extraction and three – dimensional characterisation of wear particle features from video sequence[J]. Wear, 2016, s 368 – 369: 314 – 325.

[89] Haiden C, Wopelka T, Jech M, et al. Sizing of metallic nanoparticles confined to a microfluidic film applying dark – field particle tracking[J]. Langmuir the Acs Journal of Surfaces & Colloids, 2014, 30 (31): 9607 – 15.

[90] Haiden C, Wopelka T, Jech M, et al. A Microfluidic Chip and Dark – Field Imaging System for Size Measurement of Metal Wear Particles in Oil[J]. IEEE Sensors Journal, 2016, 16 (5): 1182 – 1189.

[91] 谢友柏, 毛军红, 王金涛, 等. 短沉积距离图像型在线铁谱装置与方法: CN1811402 A [S]. 2006.

[92] 王金涛. 图像可视在线铁谱传感器的理论和实验研究[D]. 西安: 西安交通大学, 2006.

[93] WU TH, MAO JH, WANG JT, et al. A New On – Line Visual Ferrograph[J]. Tribology Transactions, 2009, 52 (5): 623 – 631.

[94] 李博, 冯松, 毛军红. 在线图像可视铁谱 LED 阵列反射光源设计与实现[J]. 西安交通大学学报, 2014, 48 (10): 29 – 34.

[95] Wu J, Mi X, Wu T, et al. A wavelet – analysis – based differential method for engine wear monitoring via on – line visual ferrograph[J]. Proceedings of the Institution of Mechanical Engineers Part J Journal of Engineering Tribology, 2013, 227 (12): 1356 – 1366.

[96] Zhang Y, Mao J, Xie Y. Engine Wear Monitoring with OLVF[J]. Tribology Transactions, 2011, 54 (2): 201 – 207.

[97] Cao W, Dong G, Chen W, et al. Multisensor information integration for online wear condition monitoring of diesel engines[J]. Tribology International, 2015, 82 (Switzerland): 68 – 77.

[98] Wu T, Wu H, Du Y, et al. Imaged wear debris separation for on – line monitoring using gray

level and integrated morphological features[J]. Wear, 2014, 316 (1 -2): 19 -29.

[99] Wu T, Peng Y, Wu H, et al. Full - life dynamic identification of wear state based on on - line wear debris image features[J]. Mechanical Systems & Signal Processing, 2014, 42 (1 -2): 404 -414.

[100] WuT, Peng Y. Intelligent Identification of Wear Mechanism via On - line Ferrograph Images [J]. Chinese Journal of Mechanical Engineering, 2014, 27 (2): 411 -417.

[101] Dong G. Wear Condition Monitoring and Working Pattern Recognition of Piston Rings and Cylinder Liners Using On - Line Visual Ferrograph[J]. Tribology Transactions, 2014, 57 (4): 690 -699.

[102] Yuan W, Dong G, Chin KS, et al. Tribological assessment of sliding pairs under damped harmonic excitation loading based on on - line monitoring methods[J]. Tribology International, 2016, 96: 225 -236.

[103] Wu T, Wang J, Peng Y, et al. Description of Wear Debris from On - Line Ferrograph Images by Their Statistical Color[J]. Tribology Transactions, 2012, 55 (5): 606 -614.

[104] Flanagan JM, Jordan JR, Whittington HW. Wear - debris detection and analysis techniques for lubricant - based condition monitoring[J]. Journal of Physics E Scientific Instruments, 1988, 21 (11): 1011 -1021.

[105] Zhu X, Zhong C, Zhe J. A high sensitivity wear debris sensor using ferrite cores for online oil condition monitoring[J]. Measurement Science & Technology, 2017, 28 (7): 1 -7.

[106] Guangkai Fu, Yiping Cao, Mingteng Lu. A fast auto - focusing method of microscopic imaging based on an improved MCS algorithm [J]. Journal of Innovative Optical Health Sciences, 2014, 8(5): 1 -10.

[107] Wood M C, Busby D K, Farnsworth P B, et al. Microscopic Imaging of Glass Surfaces under the Effects of Desorption Electrospray Ionization [J]. Analytical Chemistry, 2009, 81: 6407 -6415.

[108] Boustany N N, Boppart S A, Backman V. Microscopic imaging and spectroscopy with scattered light. [J]. Annual Review of Biomedical Engineering, 2010, 12: 285 -314.

[109] Bullen A. Microscopic imaging techniques for drug discovery [J]. Nature Reviews Drug Discovery, 2008, 7(1): 54 -67.

[110] Kim W T, Bai C, Cho Y I. A study of CaCO3 fouling with a microscopic imaging technique [J]. International Journal of Heat & Mass Transfer, 2002, 45(3): 597 -607.

[111] Kassim A A, Mannan M A, Zhu M. Texture analysis methods for tool condition monitoring[J]. Image & Vision Computing, 2007, 25(7): 1080 -1090.

[112] Pedersen L. Inspection with Robotic Microscopic Imaging [J]. Aiaa Journal, 2005.

[113] 徐伟，袁群，高志山，于颢彪，孙一峰，屈艺．微球透镜超分辨显微成像与检测技术综述[J]. 应用光学，2019，40(06)：1139 -1151.

[114]LI Bo, FENG Song, MAO Junhong. Design and Implementation of A LED Array Reflecting Light for On - line Visual Ferrograph [J]. Journal of Xi' an Jiaotong University, 2014, 48(10): 29 - 34.

[115]FENG Song, FAN Bin, MAO Junhong, et al. Prediction on wear of a spur gearbox by on - line wear debris concentration monitoring [J]. Wear, 2015, 336 - 337: 1 - 8.

[116]Li T, Feng H, Xu Z. A new analytical edge spread function fitting model for modulation transfer function measurement[J]. Chinese Optics Letters, 2011, 9 (3): 12 - 22.

[117]Chao CP, Kao YH, Hsu WH, et al. An on - line optical bench tester machine for evaluating lens quality[J]. Microsystem Technologies, 2014, 20 (8 - 9): 1387 - 1395.

[118]Lengwenus A. MTF measurement of infrared optical systems[J]. Proc Spie, 2009, 7481: 27 - 36.

[119] Samei E, Flynn MJ. An experimental comparison of detector performance for computed radiography systems[J]. Medical Physics, 2002, 29 (4): 447 - 456.

[120] Barenz J. Fast and precise point spread function measurements of IR optics at extreme temperatures based on reversed imaging conditions[J]. Proceedings of SPIE - The International Society for Optical Engineering, 2010, 7662: 766213 - 766218.

[121]李铁成. 基于倾斜刃边法的遥感图像调制传递函数计算及图像复原技术研究[D]. 杭州: 浙江大学, 2011.

[122] Boreman GD. Modulation Transfer Function in Optical and Electro - Optical Systems [J]. Russchemrev, 2001, 71 (2): 159 - 179.

[123]Mohapatra SM, Turley JD, Prince JR, et al. Transfer function measurement and analysis for a magnetic resonance imager[J]. Medical Physics, 1991, 18 (6): 1141 - 1150.

[124]Huang Q. Investigation of Uniform Illumination of Near - Field Targets Using a Conic Light - Emitting Diode Array[J]. Acta Optica Sinica, 2010, 30 (10): 3039 - 3043.

[125]Zhu ZM, Qu XH, Jia GX, et al. Uniform Illumination Design by Configuration of LED Array and Diffuse Reflection Surface for Color Vision Application[J]. Journal of Display Technology, 2011, 7 (2): 84 - 89.

[126]lin L. Lens Design for Uniform Illumination with LED[J]. Acta Optica Sinica, 2012, 2(10): 12 - 18.

[127]Sayinta M, Isikman SO, Urey H. Scanning Led Array Based Volumetric Display[C]//2008 3DTV - Conference - The True Vision - Capture Transmission and Display of 3D Video, Istanbul, Turkey, May 28 - 30, 2008: 21 - 24.

[128]Zhang H, Li Y, Zhang W, et al. Optimization for LED arrays to achieve uniform near - field illumination[C]//International Symposium on Advanced Optical Manufacturing and Testing Technologies. International Society for Optics and Photonics, 2010: 76551X - 76551X - 6.

[129]Moreno I, Muñoz J. Uniform illumination of distant targets using a spherical light - emitting

diode array[J]. Optical Engineering, 2007, 46 (3): 033001 - 033007.
[130] Li C, Li N, Chen JX. The Research of LED Arrays for Uniform Illumination[J]. Advances in Information Sciences & Service Sciences, 2012, 4 (10): 174 - 182.
[131] Whang JW, Chen YY, Teng YT. Designing Uniform Illumination Systems by Surface - Tailored Lens and Configurations of LED Arrays[J]. Journal of Display Technology, 2009, 5 (3): 94 - 103.
[132] Moreno I, Sun CC. Modeling the radiation pattern of LEDs[J]. Optics Express, 2008, 16 (3): 1808 - 1819.
[133] Liu H, Tang Z, Shi T, et al. Optical and thermal modeling of ultraviolet - LED array packaging for curing application[C]. Applied Mechanics & Materials, 2009, 201 - 202: 263 - 272.
[134] Sun J, Zhang JW. Design of LED Light Source for Uniform Illumination in Large Area[J]. Applied Mechanics & Materials, 2013, 401 - 403: 465 - 468.
[135] 吕晓军. 图像可视在线铁谱技术研究[D]. 西安: 西安交通大学, 2004.
[136] 冯慈璋, 马西奎. 工程电磁场导论[M]. 北京: 高等教育出版社, 2000: 151 - 156.
[137] 靳燕平. 直线电机瞬态特性的场路耦合分析法[J]. 科技情报开发与经济, 1998, 6: 45 - 47.
[138] 邹继斌, 刘宝廷, 崔淑梅, 郑萍. 磁路与磁场[M]. 哈尔滨: 哈尔滨工业大学出版社, 1998: 43 - 47.
[139] 葛笑, 张琪, 黄苏融. 磁极分割型混合励磁电机等效磁路法分析[J]. 电机与控制应用, 2006, 33(1): 11 - 16.
[140] Tapia J A, Leonardi F, Lipo T. Consequent pole permanentmagnetmachine with extended field weakening capability[J]. IEEE Trans. on Ind Appl, 2003, 39: 1704 - 1709.
[141] 马西奎. 电磁场理论及应用[M]. 西安: 西安交通大学出版社, 2000: 2 - 10.
[142] 雷银照. 轴对称线圈磁场计算[M]. 北京: 中国计量出版社, 1991: 1 - 23.
[143] 张三慧, 臧庚媛, 华基美. 大学物理学第三册 电磁学[M]. 北京: 清华大学出版社, 1999: 272 - 275.
[144] 郃佑诚, 房少军. 电磁场与电磁波[M]. 大连: 大连海事大学出版社, 2003: 1 - 17.
[145] 陈精一, 蔡国忠. 电脑辅助工程分析[M]. 北京: 中国铁道出版社, 2001: 25 - 76.
[146] 洪庆章, 刘清吉, 郭嘉源. ANSYS7.0 教学范例[M]. 北京: 中国铁道出版社, 2003: 320 - 338.
[147] 任重. ANSYS 实用分析教程[M]. 北京: 北京大学出版社, 2003: 1 - 42.
[148] 龚曙光, 谢桂兰, 邱爱红, 李玉芝. ANSYS 工程应用实例解析[M]. 北京: 机械工业出版社, 2003: 354 - 366.
[149] 王国强. 实用工程数值模拟技术及其在 ANSYS 上的实践[M]. 西安: 西北工业大学出版社, 1999: 189 - 220.
[150] 萧汉梁. 铁谱技术及其在机械监测诊断中的应用[M]. 北京: 人民交通出版社,

1993：2.

[151]蒋维钧，戴猷元，顾惠君．化工原理 上册[M]．北京：清华大学出版社，1992：247 - 248.

[152]桂立丰，吴民达，赵源．机械工程材料测试手册 腐蚀与摩擦学卷[M]．沈阳：辽宁科学技术出版社，2002：787.

[153]成都科技大学《化工原理》编写组．化工原理第二版上册[M]．成都：成都科技大学出版社，1991：129.

[154]范淑华．两共轴圆环的电磁相互作用力[J]．大学物理，1994，13(9)：22 - 24.

[155]何济洲，缪贵玲．两个磁偶极子间的相互作用[J]．南昌大学学报：工科版，1996，18(3)：96 - 98.

[156]吕雪松，赵星，李洪钟．横向旋转磁场对液固流化床中铁磁颗粒成链旋转的影响[J]．化工学报，1999，50(5)：692 - 699.

[157]仲维畅．磁偶极子链的横向排斥[J]．无损检测，2003，25(9)：454 - 457.

[158]池长青．铁磁流体力学[M]．北京：北京航空航天大学出版社，1993：87 - 95.

[159]陈善飞，王正良．磁性液体在外施磁场下的方向性弱絮凝行为[J]．胶体与聚合物，2002，20(3)：10 - 17.

[160]Jolly, Mark R.; Carlson, J. David; Munoz, Beth C. Model of the behaviour of magnetorheological materials[J]. Smart Materials and Structures, 1996, 5: 607 - 614.

[161]Penchev, I. B.; Hristov, J. Y. Fluidization of beds of ferromagnetic particles in a transverse magnetic field[J]. Powder Technology, 1990, 62(1): 1 - 11.

[162] Kang D, Yang H, Sha D, et al. Measurement of image plane illumination uniformity of photoelectric imaging system[C], 2014: 928220 - 92828.

[163]LI Bo, WU Wei, ZHOU Mi, et al. A Full Field - of - View Online Visual Ferrograph Debris Detector Based on Reflected Light Microscopic Imaging[J]. IEEE Sensors Journal, 2021, 21(15): 16584 - 16597.

[164]Shen XH, Yang L, He GX, et al. Measurement of image plane illumination non - uniformity of optical system in photoelectric equipment[J]. Optics & Precision Engineering, 2008, 1(16): 1 - 10.

[165]Brown MS, Song P, Cham TJ. Image Pre - Conditioning for Out - of - Focus Projector Blur[J]. International Journal of Computer Vision, 2006, 60(1 - 2): 1956 - 1963.

[166]Lu Z, Peng Q, Yan X. Method of Eliminating and Segmenting Ferrographic Images Nonuniform Background[J]. International Journal of Computer Vision, 2010, 66(1 - 3): 640 - 643.

[167]Zhong X, Zhang L, Jin G. Illumination uniformity optimization of position - sensitive detector sensing optical system by circular and annular obscurations[J]. Applied Optics, 2012, 51 (35): 8401 - 8406.

[168]Zhang GM, Sun SL, Zhang W, et al. Model and application of image plane illumination for the

space – based infrared detecting of boost – phase missile[J]. Journal of Infrared & Millimeter Waves, 2007, 26 (6): 425 – 428.

[169]Chantler M, Petrou M, Penirsche A, et al. Classifying Surface Texture while Simultaneously Estimating Illumination Direction[J]. International Journal of Computer Vision, 2005, 62 (1 – 2): 83 – 96.

[170]Qu E, Zhang H, Cao J, et al. Discussion of Illuminance Formula in Optical Design[J]. Acta Optica Sinica, 2008, 28 (7): 1364 – 1368.

[171]李博，冯松，毛军红. 在线图像可视铁谱成像系统的像面照度均匀性[J]. 光学精密工程, 2016, 34(10): 2347 – 2356.

[172]朱永波，卢国梁. 基于计算机显微视觉的微动平台位移测量方法[J]. 传感器与微系统, 2019, 38 (05): 17 – 22.

[173]刘超，王允，赵维谦，等. 高分辨力分光瞳差动共聚焦传感技术研究[J]. 仪器仪表学报, 2017, 38(09): 2225 – 2231.

[174]张雅丽，余卿，程方，等. 光纤束并行彩色共聚焦测量系统及实验研究[J]. 仪器仪表学报, 2020, 41(12): 23 – 31.

[175]宋祥磊，李 舒，顾梦涛，等. 光场显微成像微尺度流场三维重建方法研究[J]. 光学学报, 2019, 39(10): 1 – 10.

[176]吉勇，屠大维，张旭，等. 水下主动激光扫描系统中光场记录及散射背景分离研究[J]. 电子测量与仪器学报, 2020(5): 58 – 64.

[177]JAFFE J S. Underwater Optical Imaging: The Past, the Present, and the Prospects [J]. IEEE Journal of Oceanic Engineering, 2015, 40(3): 683 – 700.

[178]JAFFE J S. Computer modeling and the design of optimal underwater imaging systems[J]. IEEE Journal of Oceanic Engineering, 1990, 15(2): 101 – 111.

[179]李博，王方，吴伟，等. 基于针孔成像像面参数提取的单板机镜头显微成像质量评价方法[J]. 应用光学, 2021, 42(5): 839 – 847.

[180]LI B, XI Y H, FENG S, et al. A direct reflection OLVF debris detector based on dark – field imaging[J]. Measurement Science and Technology, UK, 2018, 29: 1 – 10.

[181]SCHETTINI R, CORCHS S. Underwater Image Processing: State of the Art of Restoration and Image Enhancement Methods[J]. Eurasip Journal on Advances in Signal Processing, 2010, 2010(1): 746052.

[182]MCGLAMERY B L. A Computer Model For Underwater Camera Systems[J]. Proc Spie, 1980, 208(208): 221 – 231.

[183]MOREL A, GENTILI B. Diffuse reflectance of oceanic waters: its dependence on Sun angle as influenced by the molecular scattering contribution. [J]. Applied Optics, 1991, 30(30): 4427 – 4438.

[184]BOSS E, PEGAU W S. Relationship of light scattering at an angle in the backward direction to

the backscattering coefficient [J]. Applied optics, 2001, 40(30): 5503 - 5507.

[185] Roylance BJ, Pocock G. Wear studies through particle size distribution I: Application of the Weibull distribution to ferrography[J]. Wear, 1983, 90 (1): 113 - 136.

[186] Roylance BJ, Vaughan DA. Wear studies through particle size distribution II: Multiple field analysis in Ferrography[J]. Wear, 1983, 90 (1): 137 - 147.

[187] Roylance BJ, Williams JA, Dwyer - Joyce R. Wear debris and associated wear phenomena - fundamental research and practice[J]. Proceedings Of the Institution Of Mechanical Engineers Part J - Journal Of Engineering Tribology, 2000, 214 (J1): 79 - 105.

[188] Lindeberg T. Scale - space: A framework for handling image structures at multiple scales[J]. 1996 Cern School Of Computing, 1996, 96 (8): 27 - 38.

[189] Mallat SG. A Theory for Multiresolution Signal Decomposition - the Wavelet Representation[J]. Ieee Transactions on Pattern Analysis And Machine Intelligence, 1989, 11 (7): 674 - 693.

[190] Mallat SG. Multiresolution Approximations And Wavelet Orthonormal Bases Of L2(R)[J]. Transactions Of the American Mathematical Society, 1989, 315 (1): 69 - 87.

[191] Candes EJ. Ridgelet: theoryandapplications[D]: StanfordUniversity, 1998.

[192] Candes EJ, Donoho DL. Curvelets, multiresolution representation, and scaling laws [J]. Wavelet Applications In Signal And Image Processing Viii Pts 1 And 2, 2000, 4119: 1 - 12.

[193] Candes E, Demanet L, Donoho D, et al. Fast discrete curvelet transforms [J]. Multiscale Modeling & Simulation, 2006, 5 (3): 861 - 899.

[194] Nguyen TT, Chauris H. Uniform Discrete Curvelet Transform[J]. IEEE TRANSACTIONS ON SIGNAL PROCESSING, 2010, 58 (7): 3618 - 3634.

[195] Laine AF, Schuler S, Fan J, et al. Mammographic Feature Enhancement by Multiscale Analysis [J]. Ieee Transactions on Medical Imaging, 1994, 13 (4): 725 - 740.

[196] Feng S, Qiu G, Luo J F, Han L, et. al. A Wear Debris Segmentation Method for Direct Reflection Online Visual Ferrography[J]. Sensors, 2019, 19(3): 723 - 34.

[197]高如新，李雪颖．双边滤波的改进高光去除[J]．中国图象图形学报，2018，23(1)：1 - 9.

[198] Zhao S Y, Chen C Z, Luo Y Q. Probabilistic Principal Component Analysis Assisted New Optimal Scale Morphological Top - Hat Filter for the Fault Diagnosis of Rolling Bearing[J]. IEEE Access, 2020, 8: 156774 - 156791.

[199] Vala H J, Baxi A . A review on otsu image segmentation algorithm[J]. International Journal of Advanced Research in Computer Engineering & Technology (IJARCET), 2013, 2 (2): 387 - 389.

[200]朱孝录，鄂中凯．齿轮承载能力分析[M]．北京：高等教育出版社，1992.

[201]石献金，刘红旗．传动系统试验台架共性技术研究[J]．机械传动，2013，37 (6)：87 - 90.

[202] Hohn BR, Michaelis K. Influence of oil temperature on gear failures [J]. Tribology International, 2004, 37 (2): 103 – 109.

[203] Winter H, Michaelis K. Scoring tests of aircraft transmission lubricants at high speeds and high tem peratures[J]. Journal of Synthetic Lubrication, 1986, 3 (2): 121 – 135.

[204] Dempsey PJ, Afjeh AA. Integrating oil debris and vibration gear damage detection technologies using fuzzy logic[J]. Journal of the American Helicopter Society, 2004, 49 (2): 109 – 116.

[205] Hoehn BR, Muenchen GCF, Tu. TEST METHODS FOR GEAR LUBRICANTS[J]. Goriva I Maziva, 2008, (2): 141 – 152.

[206] 刘白, 汪大鹏. 齿轮传动效率的试验研究[J]. 机械工程学报, 2001, 37 (1): 109 – 112.

[207] 王淑仁, 闫玉涛, 丁津原. 渐开线直齿圆柱齿轮啮合磨损实验研究[J]. 东北大学学报, 2004, 25 (2): 146 – 148.

[208] 戴雪晴, 周哲波. 齿轮几何参数对传动效率影响的实验[J]. 上海交通大学学报, 2006, 40 (7): 1226 – 1229.

[209] Hohn BR, Michaelis K, Otto HP. Influence of immersion depth of dip lubricated gears on power loss, bulk temperature and scuffing load carrying capacity[J]. Proceedings of the International Conference on Mechanical Transmissions, Vols 1 and 2, 2006: 837 – 845.

[210] 毛军红, 丁鑫, 谢友柏. 在线图像可视铁谱无堆叠沉积磨粒浓度指数监测方法: 中国, 201110204256.0[P]. 2011 – 12 – 21.

[211] Anderson DP. Wear Particles Altlas[M]. Cleveland: Predict/DLI, 1982.

[212] 冯松. 齿轮磨损监测在线技术研究[D]. 西安: 西安交通大学, 2016.

[213] Rocca AL, Bonatesta F, Fay MW, et al. Characterisation of soot in oil from a gasoline direct injection engine using Transmission Electron Microscopy[J]. Tribology International, 2015, 86: 77 – 84.

[214] Salehi FM, Morina A, Neville A. The effect of soot and diesel contamination on wear and friction of engine oil pump[J]. Tribology International, 2017, 115: 285 – 296.